U0277109

马景善　康丽娟 / 著

土木工程实用力学
教学研究与实践

ZHEJIANG UNIVERSITY PRESS
浙江大学出版社

图书在版编目（CIP）数据

土木工程实用力学教学研究与实践／马景善,康丽娟著.
—杭州:浙江大学出版社,2015.6
ISBN 978-7-308-14070-6

Ⅰ.①土… Ⅱ.①马… ②康… Ⅲ.①土木工程－工程
力学－教学研究－高等职业教育 Ⅳ.①TU311-42

中国版本图书馆 CIP 数据核字（2014）第 270061 号

土木工程实用力学教学研究与实践

马景善　康丽娟　著

责任编辑	王元新
封面设计	续设计
出版发行	浙江大学出版社
	（杭州市天目山路 148 号　邮政编码 310007）
	（网址:http://www.zjupress.com）
排　　版	杭州中大图文设计有限公司
印　　刷	浙江良渚印刷厂
开　　本	710mm×1000mm　1/16
印　　张	13.75
字　　数	258 千
版 印 次	2015 年 6 月第 1 版　2015 年 6 月第 1 次印刷
书　　号	ISBN 978-7-308-14070-6
定　　价	38.00 元

前　言

建设水利类高等职业教育培养的是适应社会主义市场需求的技术应用性人才,人才培养的定位是在生产第一线或施工现场将规划、设计、决策转化成物质形态的施工员、安全员、质量员、监理员、造价员等。其未来的职业规划是建造师、监理工程师、造价师等。因此,专业设置、课程体系、教学内容和教学方法应符合高等职业技术教育培养目标的要求。

土木工程实用力学课程是由传统的理论力学、材料力学、结构力学三大力学整合而成的,是高职高专建设水利类建筑工程技术、水利水电建筑工程、水利工程等大土木类专业的一门重要专业基础课。其主要作用是为后续的专业课程,如建筑结构、地基与基础施工、建筑主体施工、水工建筑物、水利水电工程施工起到先导作用,为学生完成模板工程、脚手架工程、基坑支护工程等专项施工方案编制及毕业设计打下坚实的力学计算基础,为学生考取施工员、安全员、质量员等职业岗位资格证书创造条件。

对于土木工程结构的计算,20 世纪 50 年代我国采用苏联的设计标准即许用应力法,70 年代我国采用半经验半概率的设计方法,从 80 年代开始我国逐步完善规范,以概率理论为基础,以可靠度指标度量结构的可靠度,采用分项系数的设计表达式进行结构设计。国内力学课程的教材和教学内容在轴向拉伸和压缩、剪切、扭转、受弯构件、组合变形构件等强度计算及压杆稳定计算中还在沿用许用应力法,这与我国现行规范的以概率理论为基础的极限状态设计法截然不同,已起不到专业基础课为专业课服务的目的。

本课程教学研究与实践课程遵循改革符合教学规律的原则。按课程结构系统化、知识结构模块化、理论与实践一体化的模式,结合现行的规范、标准和职业岗位能力要求,重新整合课程内容。构建了土木工程实用力学课程理论教学、实验教学、实训教学"三位理实一体"教学体系;制定了"三力一变"四项力学核心能力——外力分析与计算、内力分析与计算、应力分析与计算、变形分析与计算的课程标准,使本课程的知识和能力教学目标更加明确。

理论教学,优化课程内容,略去轴向拉伸与压缩、剪切、扭转、受弯构件、组合变形等沿用至今的苏联许用应力法计算强度、压杆稳定的内容,形成"三力一变"为核心的新型教学模块。

实验教学,对传统验证性轴向拉伸与压缩实验项目进行改革,按职业岗位能力要求进行实用性的钢筋强度、钢筋塑性指标、钢筋冷弯性能等检测能力的培养。针对个性化人才培养增设开放性应力电测、梁的变形等实验;学生也可自主设计实验项目以培养学生的创新能力。

实训教学,建立与专业培养目标相适应的"教、学、做"一体的结构内力上机实训,将传统手算与现代计算机计算相结合,培养学生结构建模、连续梁内力计算、框架结构内力计算能力。实现传统与现代、基础与前沿的优化组合。

土木工程实用力学教学研究与实践,依据专业培养目标和就业岗位确定课程学习领域,将工程吊装、模板工程、脚手架工程、钢结构安装等工作情境整编成教学案例融入课程教学中,增强了课程内容与岗位任务的关联,使学生掌握土木工程实用力学的基础理论、基本知识、基本技能,为专业课建立学习平台打下了坚实基础。

目　录

第1章　外力分析与计算教学研究及实践

1.1　荷载计算教学

1.1.1　荷载计算教学情境

选取模板支架倒塌事故现场作为荷载计算教学情境,如图 1.1 所示。

图 1.1　模板支架倒塌事故现场

模板工程是现浇混凝土工程中重要的施工措施,模板的制作要保证构件的形状尺寸及相互位置正确;要使模板具有足够的强度、刚度和稳定性,能够承受现浇混凝土的自重荷载和侧压力以及各种施工荷载;力求结构简单,装拆方便,不妨碍钢筋绑扎,保证混凝土浇筑时不漏浆;支撑系统应配置水平支撑和剪刀撑，以保证稳定性。工程施工需要编制模板施工方案，要求施工方案必须有详细的模板支撑系统设计计算书，包括现浇板模板、主龙骨、次龙骨、模板支架强度、稳定性、刚度计算。计算时必须先进行自重荷载和施工荷载的计算并对模板支撑系统进行受力分析。本教学情境模板支架倒塌事故主要是荷载计算准确度的问题，模板支架倒塌事故，造成了人员受伤、死亡，经济赔偿大，工期延迟。教学中应引导学生认真学习、熟练掌握荷载计算的方法，为防止工程事故发生打好基础。

1.1.2　荷载分析与计算教学内容

1.荷载的概念

荷载是工程术语，结构或构件工作时所承受的主动外力称为荷载。如结构的自重、水压力、土压力、风压力以及人群和货物的重量、吊车轮压等。

合理地确定荷载，是结构设计中非常重要的工作。如将荷载估计过大，会使所设计的结构尺寸偏大，造成浪费；如估计过小，则所设计的结构不安全。因此，在结构设计中，要慎重考虑各种荷载，根据国家颁布的《建筑结构荷载规范》(GB 50009—2001)来确定荷载值。

2.荷载的分类

结构或构件受到的荷载有多种形式，在对结构进行分析前，必须先确定结构上所承受的荷载。在结构设计中，荷载按不同的性质可分为以下几类。

(1)按作用时间分类

①永久荷载。在结构使用期间，其值不随时间变化，或其变化与平均值相比可以忽略不计，或其变化是单调的并能趋于定值的荷载称为永久荷载。如结构自重、土压力、预应力等。

②可变荷载。在结构使用期间，其值随时间而变化，且其变化与平均值相比不能忽略不计的荷载称为可变荷载。如楼面活荷载、屋面活荷载和积灰荷载、吊车荷载、风荷载、雪荷载等。

(2)按作用性质分类

①静荷载。缓慢地加到结构或构件上不引起结构的振动，因而可以忽略惯性力影响的荷载称为静荷载，其大小、位置或方向不随时间发生变化或者变化相对极小，静荷载作用下不产生明显的加速度。构件自重及一般的活荷载均属静荷载。

②动荷载。大小、位置或方向随时间迅速改变的荷载称为动荷载，动荷载

作用下会产生明显的加速度。地震力、冲击力、惯性力等都为动荷载。

(3)按分布情况分类

①集中荷载。若荷载的作用范围远小于构件的尺寸时,为了计算简便起见,可认为荷载集中作用于一点,称为集中荷载。如车轮的轮压、屋架或梁的端部传给柱子的压力、人站在建筑物上的压力等都可以作为集中荷载来处理。

②分布荷载。连续作用在结构或构件的较大面积或长度上的荷载称为分布荷载。结构的自重、风、雪等荷载都是分布荷载。当以刚体为研究对象时,作用在结构上的分布荷载可用其合力(集中荷载)代替;但以变形体为研究对象时,作用在结构上的分布荷载不能用其合力代替。分布荷载又分为均布荷载和非均布荷载两种。

(4)偶然荷载

在结构使用期间不一定出现,一旦出现,其值很大且持续时间很短暂的荷载称为偶然荷载。如爆炸力、撞击力等。

荷载的确定常常是比较复杂的。荷载规范总结了施工、设计经验和科学研究成果,供施工、设计时应用。尽管如此,设计者还需深入现场,对结构实际情况进行调查研究,才能对荷载作出合理的确定。

3.荷载的计算公式

荷载的计算是很复杂的,有很多制约因素,我们以梁和板为例简单地说明按分布情况分类的荷载之间的关系。

集中荷载的计算:当荷载的作用范围远小于构件的尺寸时,可认为荷载集中作用于一点,此时集中荷载就等于构件的自重。

结构的自重的计算:当结构有多个构件组成时,结构的重力计算公式:

$$G = \sum_{i=1}^{n} \gamma_i V_i$$

式中:G——结构的总自重荷载(kN);

γ_i——第 i 个基本构件的材料自重(kN/m³);

V_i——第 i 个基本构件的体积(m³)。

如图 1.2 所示,次梁 EF 作用在主梁 AB、CD 上,次梁 EF 对主梁 AB、CD 的作用就是集中荷载,分别等于次梁 EF 自重的一半。

对于分布荷载,在此只介绍均布荷载的计算。均布荷载又分为线均布荷载和面均布荷载。

线均布荷载的计算:在对梁进行简化时,将梁简化为轴线,梁的自重就简化为作用在梁的轴线上的线均布荷载 q。如图 1.2 中次梁 EF,计算公式:

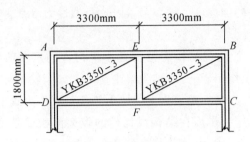

图 1.2　梁板结构平面图

$$q = \frac{G_l}{l}$$

式中：q——线均布荷载（kN/m）；

　　　G_l——梁的自重荷载（kN）；

　　　l——梁的长度（m）。

　　面均布荷载的计算：在对板进行简化时，由于板厚较小，所以将板简化为平面，板的自重就简化为作用在板面上的面均布荷载 q'。如图 1.2 中板 $AEFD$、$EBCF$，计算公式：

$$q' = \frac{G_b}{A}$$

式中：q'——面均布荷载（kN/m^2）；

　　　G_b——板的自重荷载（kN）；

　　　A——板的面积（m^2）。

　　由于板搭在梁上，当计算板作用在梁上的力的时候就将板的自重分别作用在两端的梁上，此时板作用在梁上的荷载就用线均布荷载来计算。如图 1.2 中板 $AEFD$，板的自重分别作用在梁 AB 和梁 CD 上，计算公式：

$$q = \frac{G_b}{2l} = \frac{q'b}{2}$$

式中：q——板搭到梁上的线均布荷载（kN/m）；

　　　G_b——板的自重荷载（kN）；

　　　l——梁的长度（m）；

　　　b——板的长度（m）。

1.1.3　荷载的形式

1. 集中荷载

集中荷载是作用在一点上的力,如图 1.3 所示是梯子的简图,当人上梯子时人的自重荷载可看成集中荷载 F。

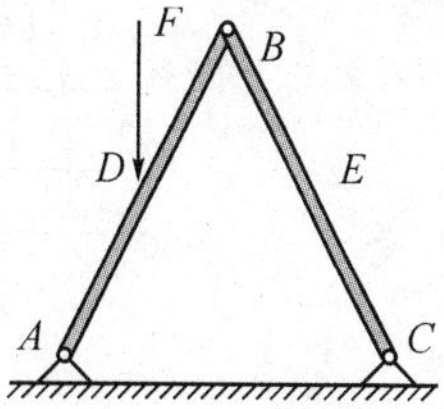

2. 线荷载

对梁计算时,需要把梁自重荷载转换成线均布荷载,如图 1.4 所示;新浇混凝土对模板侧面的压力计算时,需

图 1.3　集中荷载

要把侧面的压力荷载转换成三角形非线均布荷载,如图 1.5 所示;对挡土墙计算时,需要把侧面的压力荷载转换成梯角形非线均布荷载,如图 1.6 所示。

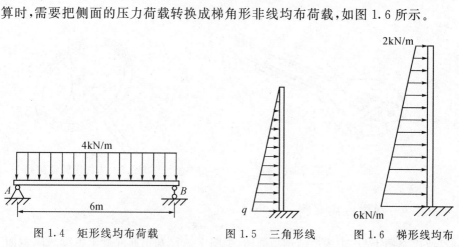

图 1.4　矩形线均布荷载　　　图 1.5　三角形线　　图 1.6　梯形线均布
　　　　　　　　　　　　　　　均布荷载　　　　　荷载

3. 面荷载

面荷载是指荷载作用在结构构件的面积上。分布面荷载分为均布面荷载和非均布面荷载两种。均布面荷载的表示方法如图 1.7(a)所示。用 q 表示均布面荷载的大小,单位用 N/m^2 或 kN/m^2。在单向板计算时,需要把均布面荷载转换成均布线荷载,即把一个方向的尺寸聚集到一条线上。若把 b 方向的尺寸聚集到 L 方向上就转换成了均布线荷载,如图 1.7(b)所示。

4. 转动荷载

转动荷载是指力和力偶作用在结构构件使其产生转动的荷载。力作用产生的力矩转动荷载如图 1.8 所示;力偶作用产生的力偶矩转动荷载如图 1.9 所示。

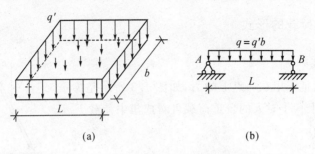

图 1.7 均布面荷载转换成均布线荷载

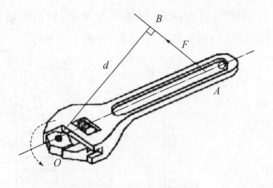

图 1.8 力矩转动荷载

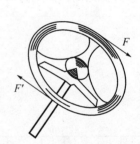

图 1.9 力偶矩转动荷载

1.1.4 教学应用案例

应用案例 1-1 由梁板结构平面图(见图 1.2)已知钢筋混凝土主梁 AB,截面尺寸 $b \times h = 250\text{mm} \times 500\text{mm}$,长 $l = 6.6\text{m}$,试计算主梁体积荷载与均布线荷载。

解 由钢筋混凝土材料查《建筑结构荷载规范》取 $\gamma = 25\text{kN/m}^3$

体积荷载: $G_l = \gamma Al = 25 \times 0.25 \times 0.5 \times 6.6 = 20.63(\text{kN})$

均布线荷载: $q = \dfrac{G_l}{l} = \dfrac{20.63}{6.6} = 3.13(\text{kN/m})$

应用案例 1-2 由梁板结构平面图(见图 1.2)已知板的面均布荷载为 2.5kN/m^2,一块板的面积为 $b \times L = 1800\text{mm} \times 3300\text{mm}$,$EF$ 梁长 $b = 1.8\text{m}$,试计算作用在 EF 梁上的均布线荷载。

解 由图 1.2 分析,EF 梁上的均布线荷载是由板的均布面荷载传递而来的,EF 梁实际承担荷载是板 $ADEF$ 与 $BCEF$ 各板的一半,依据均布面荷载转换成均布线荷载计算公式进行计算。

$$q = q' \times L = 2.5 \times 3.3 = 8.25(\text{kN/m})$$

EF 梁上均布线荷载表示形式如图 1.10 所示。

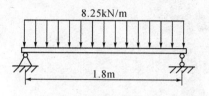

8.25kN/m

1.8m

图 1.10　均布线示例

应用案例 1-3　钢筋混凝土楼面板构造如图 1.11 所示,已知楼板尺寸 $a \times b = 6\text{m} \times 6\text{m}$,试计算板的均布线面荷载。

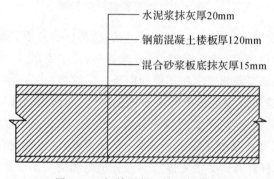

水泥浆抹灰厚20mm

钢筋混凝土楼板厚120mm

混合砂浆板底抹灰厚15mm

图 1.11　钢筋混凝土楼面板构造

此案例在教学中让学生了解钢筋混凝土楼面板构造知识,学会用《建筑结构荷载规范》查取钢筋混凝土材料自重、水泥砂浆材料自重、混合砂浆材料自重,掌握楼板均布线面荷载的计算方法。

荷载的计算还有很多,这里只简单介绍荷载分类中的按分布情况分类的荷载计算,其他荷载的计算在以后的学习中还会做详细的讲解。

1.2　受力分析与画受力图教学

1.2.1　受力分析教学情境

选取扣件式钢管脚手架现场作为受力分析与画受力图教学情境,如图 1.12 所示。

图 1.12 扣件式钢管脚手架

扣件式钢管脚手架装拆方便,搭设灵活,能适应建筑物平面及高度的变化;承载力大,搭设高度高,坚固耐用,周转次数多;加工简单,一次投资费用低,比较经济,故在建筑工程施工中使用最为广泛。

脚手架是建筑施工工程中的重要施工措施,如何提高脚手架的安全度,确保脚手架的施工安全,需要编制脚手架施工方案,要求施工方案必须有详细的脚手架计算书,其包括脚手架大小横杆、立杆强度、稳定性、刚度计算。对脚手架大小横杆、立杆计算时必须先进行受力分析与画受力图。通过本教学情境意在引导学生了解脚手架,培养学生工程意识,为结构计算和脚手架的工程施工打好基础。

1.2.2 受力分析与画受力图教学内容

1. 约束与约束反力

工程上所遇到的物体位移通常受到其他物体的限制,这种物体称为非自由体。因为受到其他物体的限制,使其在某些方向不能运动。这种阻碍物体运动的限制条件称为约束。教学中可举教学楼的例子让学生理解约束,如现浇的楼板受到梁的约束,梁受到柱子的约束,柱子受到基础的约束,基础受到地基的约束。

工程上为了便于受力分析常把约束分成不同类型,工程实际中常见的几种约束类型及其约束反力的特性如下。

(1)柔性约束

由柔软的绳索、链条或皮带等构成的约束都属于柔性约束。理想化条件:绝对柔软、无重量、无粗细、不可伸长或缩短。由于柔性约束本身只能承受拉力,所以它对物体的约束力也只可能是拉力。如图 1.13(a)所示,用绳索悬挂一物体,绳索的约束反力作用于接触点,方向沿绳索的中心线而背离物体,为拉力,如图 1.13(b)所示。柔性约束力一般用 F 表示。

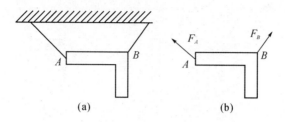

图 1.13　柔性约束示例

（2）光滑接触面约束

当物体的接触面非常光滑,其摩擦力可以忽略时,就构成了光滑接触面约束。这时,不论支撑面的形状如何,光滑支撑面只能限制物体沿着接触表面公法线朝接触面方向的运动,而不能限制物体沿其他方向的运动。光滑接触面约束对物体的约束反力作用于接触点,方向为沿接触面的公法线且指向受力物体。这种约束反力也称为法向反力,一般用 F_N 表示。如图 1.14 所示。

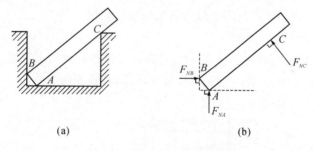

图 1.14　光滑接触面约束示例

物体与光滑接触面的接触形式一般有以下三种类型:

①面与面接触。约束力方向垂直于公切面指向受力物体。

②点与面接触。约束力方向垂直于面在该点处的切线指向受力物体。如图 1.14 中的 F_{NA}、F_{NB}。

③点与线接触　约束力方向垂直于线指向受力物体。如图 1.14 中的 F_{NC}。

（3）铰链连接

工程上常用销钉来连接构件或零件,这类约束只限制相对移动不限制转动,且忽略销钉与构件间的摩擦。若两个构件用销钉连接起来,这种约束称为铰链连接,简称铰连接,而连接件习惯上被简称为铰。如图 1.15(a)所示。铰链连接可简化为如图 1.15(b)所示。

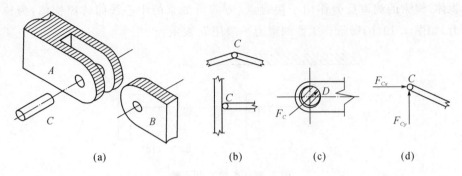

图 1.15　铰链连接示例

铰链连接只能限制物体在垂直于销钉轴线的平面内相对移动，但不能限制物体绕销钉轴线相对转动。如图 1.15(c)所示，铰链连接的约束反力作用在销钉与物体的接触点 D，但由于销钉与销钉孔壁接触点与被约束物体所受的主动力有关，一般不能预先确定，所以约束反力 F_c 的方向也不能确定。因此，其约束反力作用在垂直于销钉轴线平面内，通过销钉中心，方向不定。为了计算方便，铰链连接的约束反力常用过铰链中心两个大小未知的正交分力 F_{Cx}、F_{Cy} 来表示，如图 1.15(d)所示。两个分力的指向可以假设。

(4)固定铰支座

将结构或构件用圆柱形光滑销钉与固定支座连接就构成了固定铰支座，如图 1.16(a)所示。固定铰支座又称铰链支座，简称铰支座。

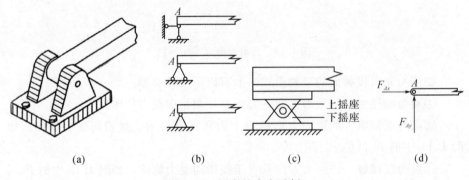

图 1.16　固定铰支座示例

销钉既不能阻止构件的转动，也不能阻止构件沿销钉轴线方向的移动，只能阻止构件在垂直销钉轴线的平面内移动。固定铰支座的约束反力与铰链连接的约束反力完全相同。

简化记号和约束反力如图 1.16(b)和图 1.16(d)所示。

(5)可动铰支座

工程上为了适应某些结构物的变形需要,经常采用可以滚动的辊轴支座,也称活动铰支座。一般的辊轴支座,是在固定铰支座下装上几个辊轴构成,如图 1.17(a)所示。辊轴支座可以沿支撑面滚动,以便当温度等变化时构件伸长或缩短,两支座之间的距离有微小的变化。

辊轴支座只能限制物体沿支承面法线方向运动,而不能限制物体沿支承面切线方向移动,也不能限制物体绕销钉轴线转动。所以,其约束反力垂直于支承面,过销钉中心,可能是拉力也可能是压力,指向可假设。辊轴支座的简化表示方法如图 1.17(b)所示,约束反力如图 1.17(c)所示。

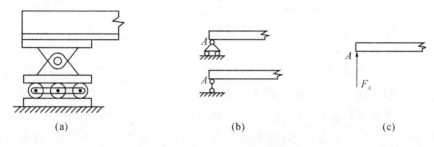

| (a) | (b) | (c) |

图 1.17　可动铰支座示例

(6)链杆约束

两端以铰与其他物体连接,中间不受力且不计自重的刚性直杆称为链杆,如图 1.18(a)所示。链杆只能限制物体沿链杆轴线方向运动,而不能阻止其他方向的运动,因此链杆的约束反力沿着链杆两端中心连线,指向可能为拉力也可能为压力。链杆的简化表示方法如图 1.18(b)所示,约束反力如图 1.18(c)所示。链杆属于二力杆的一种特殊情形。

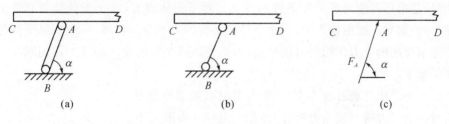

| (a) | (b) | (c) |

图 1.18　链杆约束示例

(7)固定端支座

将构件的一端插入一固定物体(如墙)中,就构成了固定端约束。如图 1.19(a)和(b)所示。固定端支座的简化表示方法如图 1.19(c)所示。在固定端支座连接处具有较大的刚性,被约束的物体在该处被完全固定,既不能相对移动也不可转动。固定端的约束反力,一般用两个正交分力 F_{Ax}、F_{Ay} 和一个约束反力偶 M_A 来代替,如图 1.19(d)所示。

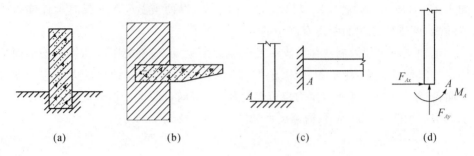

(a)　　　　　　　(b)　　　　　　　(c)　　　　　　　(d)

图 1.19　固定端支座示例

2.受力分析方法

在工程实践中,为了求出作用于物体上的未知约束力,需要根据已知荷载应用力学平衡关系求解。因此,必须对物体的受力情况作全面的分析,确定物体所受荷载和约束力作用,并判断每一个力的作用位置和作用方向,这个过程称为物体的受力分析,它是力学计算的前提和关键。

(1)二力平衡公理

作用于同一刚体上的两个力成平衡的必要与充分条件是:力的大小相等,方向相反,作用在同一直线上。可以表示为:

$$F_1 = -F_2$$

这一性质也称为二力平衡公理。

二力平衡公理给出了作用于刚体上的最简单的力系平衡时所必须满足的条件,是推证其他力系平衡条件的基础。对于刚体而言,这个条件是既必要又充分的;而对于变形体来说,这个条件虽必要但不充分。比如,一段软绳受到两个等值反向的拉力作用时可以平衡,但是受到两个等值反向的压力作用时就不能平衡了。

当一个构件或杆件只受两个力作用而处于平衡状态时称为二力构件或二力杆件,简称二力杆。如图 1.20 所示。由二力平衡公理可知,二力构件的平衡条件是两个力必定沿着二力作用点的连线,且等值、反向。二力构件是工程中常见的一种构件形式。

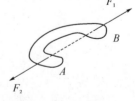

图 1.20　二力平衡图

（2）加减平衡力系公理

在作用于刚体的任意力系中，加上或减去任一平衡力系，并不改变原力系对刚体的作用效应。也就是说，如果两个力系只相差一个或几个平衡力系，那么它们对刚体的作用效果完全相同，可以互相等效替换。这一性质称为加减平衡力系公理。

推论　力的可传性原理

作用于刚体上的力可以沿其作用线移至刚体内任意一点，而不改变该力对刚体的作用效应。这是由加减平衡力系公理得到的一个重要推论。

加减平衡力系公理推论的证明如下。

证明：设力 F 作用于刚体上的点 A，如图 1.21 所示。在力 F 作用线上任选一点 B，在点 B 上加一对平衡力 F_1 和 F_2，使

$$F_1 = -F_2 = F$$

则 F_1、F_2、F 构成的力系与 F 等效。将平衡力系 F_2、F_2 减去，则 F_1 与 F 等效。此时，相当于力 F 已由点 A 沿作用线移到了点 B，且不改变该力对刚体的作用效果。

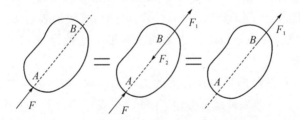

图 1.21　力的可传性原理

加减平衡力系公理给出了力系等效变换的一种基本形式，这个公理及其推论是力系简化的重要工具。它们只适用于刚体，当所研究的问题中要考虑物体的变形时，其正确性就丧失了。如图 1.22 所示，变形杆在平衡力系 F_1、F_2 作用下产生拉伸变形，如图 1.22(a) 所示；若除去一对平衡力，则杆件就不会发生变形；若将平衡力 F_1、F_2 分别沿作用线移到杆件的另一端，则杆件产生压缩变形，如图 1.22(b) 所示。

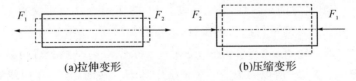

(a)拉伸变形　　　　　　　　　(b)压缩变形

图 1.22　拉压杆件变形

（3）力的平行四边形法则

作用于物体上同一点的两个力可以合成为作用于该点的一个合力，它的大小和方向由以这两个力的矢量为邻边所构成的平行四边形的对角线来确定。

如图 1.23(a)所示，以 F_R 表示力 F_1 和 F_2 的合力，则可以表示为：$F_R = F_1 + F_2$，即作用于物体上同一点的两个力的合力等于这两个力的矢量和。

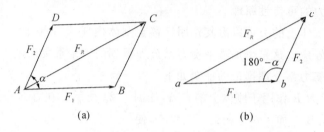

图 1.23　力的合成图

在求共点两个力的合力时，我们常采用力的三角形法则，如图 1.23(b)所示。从刚体外任选一点 a 作矢量 ab 代表力 F_1，然后从 b 的终点作矢量 bc 代表力 F_2，最后连接起点 a 与终点 c 得到矢量 ac，则 ac 就代表合力矢 F_R。分力矢与合力矢所构成的三角形 abc 称为力的三角形。这种合成方法称为力三角形法则。

应该注意，力三角形只表示各力的大小和方向，并不表示各力作用线的位置；力三角形只是一种矢量运算方法，不能完全表示力系的真实作用情况。

力的平行四边形法则表达了最简单情况下合力与分力之间的关系，是力系合成与分解的基础，表明了最简单力系的简化规律，是复杂力系简化的基础。

（4）三力平衡汇交定理

作用于刚体上的三个力，使刚体平衡，若其中两个力的作用线汇交于一点，则这三个力必定在同一平面内，且第三个力的作用线通过汇交点。这一性质称为三力平衡汇交定理。

证明：如图 1.24(a)所示，在刚体的 A、B、C 三点上分别作用着 F_1、F_2、F_3 三个力矢，且在力系(F_1、F_2、F_3)的作用下，刚体平衡，其中 F_1、F_2 的作用线汇交于一点 O。根据力的可传性，将力矢 F_1、F_2 的作用点移至汇交点 O 处(见图 1.24(b))，后根据力的平行四边形法则，求得合力矢 F_R。由于力系(F_1、F_2、F_3)为平衡力系，则力矢 F_3 应与合力矢 F_R 平衡。根据二力平衡公理可知，力矢 F_3 应与合力矢 F_R 共线，所以力矢 F_3 必与力矢 F_1、F_2 共面，且其作用线通过汇交点 O。

三力平衡汇交定理实际上是二力平衡公理、加减平衡力系公理和力的平行

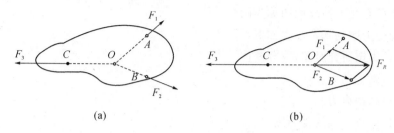

图 1.24　三力汇交平衡图

四边形法则的推理。它说明了不平行的三个力平衡的必要条件,当两个力相交时,可用来确定第三个力的作用线的方位。

(5)作用与反作用公理

两个物体间相互作用力,总是同时存在,它们的大小相等,方向相反,并沿同一直线分别作用在这两个物体上。这一性质称为作用与反作用公理。

物体间的作用力与反作用力总是同时出现,同时消失。可见,自然界中的力总是成对地存在,而且同时分别作用在相互作用的两个物体上。这个公理概括了任何两物体间的相互作用的关系,不论对刚体或变形体,不管物体是静止的还是运动的都适用。

应该注意,作用和反作用公理所建立的作用力与反作用力之间的关系,以及二力平衡公理所建立的两个平衡力之间的关系,都表达为两个力共线、等值、反向,但这两个公理存在着本质上的差别。二力平衡公理所指的是作用在同一刚体上的两个力;而作用和反作用公理所指的是分别作用在两个相互作用的刚体上的两个力。

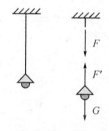

图 1.25　作用力与
反作用力示例

如图 1.25 所示,灯给绳的力 F 与绳给灯的力 F' 是一对作用力与反作用力。

所谓公理就是无需证明就为人们在长期生活和生产实践中所公认的真理。静力学公理是人们在长期的生活和生产实践中,经反复观察和实践检验总结出来的客观规律,是受力分析研究力系简化和平衡条件等问题的最基本的力学规律,是静力学全部理论的基础。

3.画受力图步骤

物体的受力分析包含两个步骤:一是把需要研究的物体从与它相联系的周围物体中分离出来,解除全部约束,单独画出该物体的图形,称为取研究对象或取分离体。二是在研究对象上相应的位置画出全部主动力和约束反力,这种表示物体所有受力情况的图称为画受力图。

画受力图的基本步骤如下：

(1)确定研究对象，取分离体。

(2)画主动力。

(3)画约束力。

(4)检查所画的受力图。

画约束力时要充分考虑约束的性质，然后在解除约束的位置上画出相应的约束力。系统的受力图上只画外力，不画内力；凡属二力构件的物体，其约束力必须按二力平衡公理来画；若研究对象受力情况满足三力平衡汇交定理的条件，则应按其特点画约束力；各物体间的相互作用力要符合作用和反作用的关系。

1.2.3 教学应用案例

应用案例 1-4　简支梁两端分别为固定铰支座和可动铰支座，在 C 处作用一集中荷载 F(见图 1.26(a))，梁重不计，试画梁 AB 的受力图。

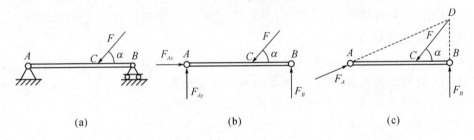

(a)　　　　　　(b)　　　　　　(c)

图 1.26　应用案例 1-4 图

解　取梁 AB 为研究对象。作用于梁上的力有集中荷载 F，A 支座为固定铰支座，反力大小方向未知，支座反力 F_{Ax} 和 F_{Ay}；B 支座为可动铰支座，铅垂方向上大小未知，支座反力 F_B 如图 1.26(b)所示。利用三力平衡汇交定理，梁受三个力作用而平衡，故可确定 F_A 的方向。用点 D 表示力 F 和 F_B 的作用线交点。F_A 的作用线必过交点 D，如图 1.26(c)所示。

应用案例 1-5　三铰拱桥由左右两拱铰接而成，如图 1.27(a)所示。设各拱自重不计，在拱 AC 上作用荷载 F。试分别画出拱 AC 和 CB 的受力图。

解　(1)取拱 CB 为研究对象。由于拱自重不计，且只在 B、C 处受到铰约束，因此 CB 为二力构件。在铰链中心 B、C 分别受到 F_B 和 F_C 的作用，且 $F_B = -F_C$。拱 CB 的受力如图 1.27(b)所示。

(2)取拱 AC 连同销钉 C 为研究对象。由于自重不计，主动力只有荷载 F；

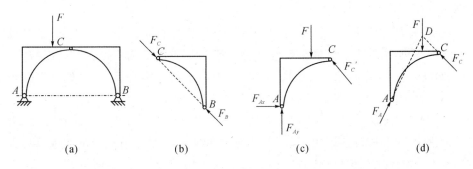

图 1.27 应用案例 1-5 图

点 C 受拱 CB 施加的约束力 $F_C{}'$，且 $F_C{}' = -F_C$；点 A 处的约束反力可分解为 F_{Ax} 和 F_{Ay}。拱 AC 的受力如图 1.27(c)所示。

又因为拱 AC 在 F、$F_C{}'$ 和 F_A 三力作用下平衡，根据三力平衡汇交定理，可确定出铰链 A 处约束反力 F_A 的方向。点 D 为力 F 与 $F_C{}'$ 的交点，当拱 AC 平衡时，F_A 的作用线必通过点 D，如图 1.27(d)所示，F_A 的指向，可先作假设，以后由平衡条件确定。

应用案例 1-6 图 1.28(a)所示系统中，物体 K 自重荷载为 G，其他和构件不计自重。作①整体；②AB 杆；③BE 杆；④杆 CD、轮 C、绳及重物 F 所组成的系统的受力图。

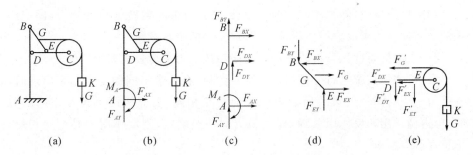

图 1.28 应用案例 1-6 图

解 (1)整体受力分析。图 1.28(a)所示系统中，自重荷载为 G，A 处为固定端支座约束，其约束反力有两个相互垂直反力和一个约束反力偶，铰 C、D、E 和 G 点的约束反力对整体来说是内力，画受力图时不应画出。整体受力如图 1.28(b)所示。

(2)杆件 AB 受力分析。杆件 AB 在 A 处为固定端支座约束，在 B、D 处分别为铰链连接约束，去约束后其约束反力 A 处有两个相互垂直反力和一个约束反力偶，铰 B、D 处分别为两个相互垂直反力。杆件 AB 受力如图 1.28(c)

所示。

(3)杆件 BE 受力分析。杆件 BE 在 B、E 处分别为铰链连接约束,在 G 处为柔性约束,去约束后其约束反力杆件 BE 上 B 点的反力 F'_{BX} 和 F'_{BY} 是 AB 上 F_{BX} 和 F_{BY} 反作用力,等值、反向,铰 E 处为两个相互垂直反力,G 处为绳的拉力。杆件 BE 受力如图 1.28(d)所示。

(4)杆件 CD、轮 C、绳和重物 F 所组成的系统的受力分析。系统在杆件 CD 上分别受 D、E 铰链连接约束,在 G 处为柔性约束,去约束后其上的约束反力分别是图 1.28(c)和图 1.28(d)上相应力的反作用力,它们的指向分别与相应力的指向相反。如 F'_{EX} 是图 1.28(d)上 F_{EX} 的反作用力,力 F'_{EX} 的指向应与力 F_{EX} 的指向相反,不能再随意假定。铰 C 的反力为内力,受力图上不应画出。杆件 CD、轮 C、绳和重物 F 所组成的系统的受力如图 1.28(e)所示。

在画受力图时应注意如下几个问题:

(1)明确研究对象并画出分离体。分离体图作出后,观察分离体与哪些相邻的物体有机械作用,从而了解分离体受哪些力的作用。受力图上所有力的受力物体是分离体本身,所有力的施力物体都是分离体以外的与分离体有接触的其他物体。

(2)要先画出全部的主动力。

(3)明确约束反力的个数。凡是研究对象与周围物体相接触的地方,都一定有约束反力,不可随意增加或减少。要根据约束的类型画约束反力,即按约束的性质确定约束反力的作用位置和方向,不能主观臆断。

(4)二力杆要优先分析。其约束力必须按二力平衡公理来画。

(5)对物体系统进行分析时注意同一约束,在几个不同的受力图上出现时,各受力图上对同一约束力所假定的指向必须相同;在分析两个相互作用的力时,应遵循作用和反作用公理,作用力方向一经确定,则反作用力必与之相反,不可再假设指向。

(6)若研究对象不是单独一个物体,而是由几个物体组成时,研究对象内各物体之间的相互作用力是内力,不必画出。

(7)若研究对象受力情况满足三力平衡汇交定理的条件,则应按其特点画约束力。

1.3　外力分析与计算教学

1.3.1　外力分析与计算教学情境

土木工程施工过程中存在着很多力学问题,如单层工业厂房结构安装中构件吊装,构件的吊装工艺包括绑扎、吊升、对位、临时固定、校正、最后固定等工序。如图 1.29 所示,柱子的两点吊装,柱的绑扎位置决定着柱子吊装时是否能够平吊,这就存在吊点的选择问题,选择那两点吊装柱子能使柱子吊装时处于水平状态,这类问题就属平面力系平衡问题。柱子吊装时一般采用钢丝绳,钢丝绳受力过大将断裂,计算钢

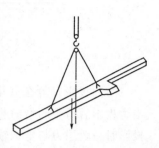

图 1.29　柱子的吊装

丝绳受力大小时,两根钢丝绳之间的夹角与钢丝绳受力大小的关系问题就属平衡方程应用问题。因此,本知识对土木工程承载力计算起着重要的基础性作用,应让学生认真学习提高能力,熟练掌握外力分析与计算本领。

1.3.2　外力分析与计算教学内容

1.三种力的计算

(1)力的投影计算

力是矢量,是有大小、有方向的量。若按矢量计算方法解决平衡问题较难且不实用,力的投影计算是把力的矢量计算转换成标量计算,力只计算大小,力的方向用坐标轴指向表示。

如图 1.30 所示,力 F 作用于物体的 A 点,大小用线段 AB 表示,方向与水平轴夹角为 α,力 F 在 x、y 轴上的分力分别用 F_x、F_y 矢量表示。力 F 在 x 轴上的投影是将力 F 的两端点 A 和 B 分别向坐标轴 x 作垂线,两垂足间线段 ab,即是力 F 投影在 x 轴上的大小,方向用正负号表示,称为力 F 在 x 轴上的投影,用 F_x 标量表示。同样线段 $a'b'$ 加上正负号称为力 F 在 y 轴上的投影,用 F_y 标量表示。由图可知,力 F 在 x、y 轴上投影的大小等于力 F 的分力 F_x、F_y 的大小。

力的投影计算公式:

$$F_x = \pm F\cos\alpha$$
$$F_y = \pm F\sin\alpha$$

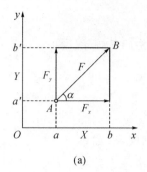
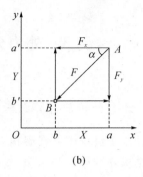

图 1.30　力的投影示例

　　力的投影计算公式中的正负号代表了力投影后的指向,正负号的规定是:当力投影后箭头的指向与坐标轴的指向一致时取正号,反之取负号。计算力的投影时一般用力与坐标轴所夹的锐角。

　　若力 F 在坐标轴的投影 X、Y 已知,由图 1.30 力的投影示例中 F 的大小与力的投影 X、Y 可构成直角的几何关系,则用下列公式计算力 F 的大小和方向:

$$F = \sqrt{X^2 + Y^2}$$

$$\tan\alpha = \left|\frac{Y}{X}\right|$$

（2）合力投影定理

　　合力投影定理建立了作用在一点上的力系,其合力在坐标轴上的投影与各分力在同一轴上的投影之间的关系。用 R_x 代表合力在 x 轴上的投影,用 R_y 代表合力在 y 轴上的投影。

　　合力投影定理　力系的合力在任一轴上的投影,等于力系中各力在同一轴上的投影的代数和,即:

$$R_x = X_1 + X_2 + \cdots + X_n = \sum X$$

$$R_y = Y_1 + Y_2 + \cdots + Y_n = \sum Y$$

合力 R 的大小: $R = \sqrt{\left(\sum X\right)^2 + \left(\sum Y\right)^2}$

（3）力矩的计算

　　力对物体的作用能使物体产生移动和转动两种效应。力对物体的转动效应用力矩度量,如图 1.31 所示。

　　在图 1.31 中,O 点称为矩心,矩心到力 F 作用线的垂直距离 d 称为力臂,把力 F 的大小与力臂 d 的乘积再加上正负号表示力 F 使物体绕 O 点转动的效应,称为力对点的矩,简称力矩,用 $M_0(F)$ 或 M_0 表示,即

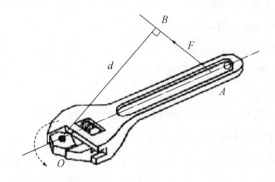

图 1.31　力对点的矩示例

$$M_0(F) = \pm Fd$$

正负号的规定是力使物体绕矩心作逆时针方向转动时力矩为正,反之为负。力矩的单位是牛顿米(N·m)或千牛顿米(kN·m)。

力矩的特殊情况:

①当力的大小等于零或者力的作用线通过矩心时力矩等于零。

②力沿作用线移动时,它对某一点的力矩不变。

(4)合力矩定理

合力矩定理建立了作用在一点上的力系,其合力对某一点的力矩与各分力对同一点的力矩之间的关系。用 $M_0(R)$ 表示合力矩。

合力矩定理　力系的合力对任一点的矩,等于各分力对同一点力矩的代数和,即

$$M_0(R) = M_0(F_1) + M_0(F_2) + \cdots + M_0(F_n) = \sum M_0(F)$$

在实际应用中往往把斜向的力看成合力,然后将合力投影成两个分力,其合力矩就等于投影后两个分力对同一点的力矩的代数和。

(5)力偶矩的计算

力偶是大小相等、方向相反且不共线的两个平行力,用(FF')(或带箭头的弧线表示)。力偶的作用只使物体产生转动,如汽车驾驶员转动方向盘时两手作用在方向盘上的力就构成了力偶。

力偶矩是用来度量力偶使物体产生转动效应大小的量值。如图 1.32 所示。

力偶的两个力作用线间的垂直距离称为力偶臂,

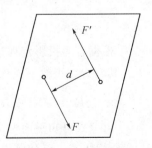

图 1.32　力偶矩示例

用 d 表示。力偶所在的平面,称为力偶作用面,其力偶矩的大小等于力 F 的大小与力偶臂 d 的乘积,用 $m(FF')$ 或 m 表示,即

$$m(FF') = m = \pm Fd$$

式中:正负号的规定及力偶矩单位与力矩相同。

(6)力偶的特征

①力偶不能简化成一个合力,因此力偶只能和力偶平衡。

②力偶在任意坐标轴上的投影为零。

③力偶对其作用面内任意一点的矩恒等于力偶矩,而与矩心的位置无关。

④在同一平面内的两个力偶,如果它们的力偶矩大小相等,力偶的转向相同,则这两个力偶是等效的。

力偶的特征在后继平衡条件的确定及求解平衡问题时有着重要的应用。

2.平面汇交力系的平衡方程

(1)平面汇交力系的简化

在研究物体平衡问题时,力系的作用线都在同一平面内且汇交一点称为平面交力系。例如,工程中两点吊装构件时,吊钩与绳索所受的各力构成汇交于吊钩与绳索接触点处的平面汇交力系,如图 1.33(a)、(b)所示,平面汇交力系的简化目的是确定力系对物体作用效应从而找到平衡条件。

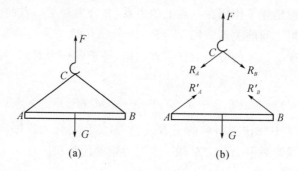

图 1.33　平面汇交力系示例

根据合力投影定理把汇交力系中的各力向 x 和 y 轴上投影计算出 R_x 和 R_y,其合力大小按下式计算:

$$R = \sqrt{R_x^2 + R_y^2} = \sqrt{\left(\sum X\right)^2 + \left(\sum Y\right)^2}$$

由上式可知平面汇交力系简化的最终结果是一个合力,合力作用在汇交点上,使物体产生移动效应。

（2）平面汇交力系的平衡方程

由简化可知是一个合力代替了力系的作用,依据二力平衡条件,要使该物体平衡必须在合力作用点处加上一个与其大小相等、方向相反的力。由此得到平面汇交力系的平衡条件是平面汇交力系的合力等于零,即

$$R = \sqrt{\left(\sum X\right)^2 + \left(\sum Y\right)^2} = 0$$

要满足合力等于零的条件必须是下式等于零,即

$$\begin{cases} \sum X = 0 \\ \sum Y = 0 \end{cases}$$

上式称为平面汇交力系的平衡方程。其适用条件是研究对象受平面汇交力系作用,并处于平衡状态,未知力小于等于 2。

3. 平面一般力系的平衡方程

（1）平面力偶系简化

由于力偶的特性只使物体产生转动,物体在力偶系作用下其作用效应就是各力偶转动效应的叠加,用合力偶矩 M 代替作用。合力偶矩的大小等于各分力偶矩的代数和,即

$$M = m_1 + m_2 + \cdots + m_n = \sum m$$

其转向由代数和得到的正负号确定。

（2）平面力偶系的平衡条件

当力偶系中各力偶对物体的转动效应相互抵消时,物体就处于平衡状态,这时的合力偶矩为零。因此,平面力偶系的平衡条件是:力偶系中所有各力偶矩的代数和等于零,即

$$\sum m = 0$$

（3）平面一般力系的简化

平面一般力系的简化依据如下:

①加减平衡力系定理。在受力刚体上加上或减去一个平衡力系,不改变原力系对刚体的作用效果。该定理为力的平移定理建立了理论基础。

②力的平移定理。作用于刚体上的力,可以平移到同一刚体上的任意一点,但必须同时附加一个力偶矩,其力偶矩大小等于力对任意点的矩,转向是力绕该点的转向。

平面一般力系的简化过程,如图 1.34 所示。

在图 1.34 中,图(a)为平面一般力系;图(b)取简化点 O 并利用力的平移定理

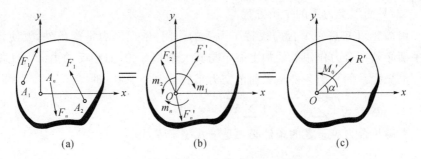

图 1.34 平面一般力系的简化过程

把各力平移到 O 点,这时得到作用在物体上的力系是平面汇交力系和平面力偶系;图(c)是将平面汇交力系和平面力偶系作进一步简化得到一个合力和一个合力偶矩。平面一般力系简化的最终结果是作用在简化点上的合力和合力偶矩。

(4)平面任意力系的平衡方程

由简化结果可知,要使平面一般力系平衡,必须同时满足简化后的汇交力系平衡和力偶系平衡。平衡条件是:

$$\begin{cases} R = 0 \\ M = 0 \end{cases}$$

上式称为平面一般力系的平衡条件。

再由平衡条件可以确定平面一般力系的平衡方程,即

$$\begin{cases} \sum X = 0 \\ \sum Y = 0 \\ \sum M_0(F) = 0 \end{cases}$$

式中:前两个方程为投影平衡方程表达力系中所有各力在两个坐标轴上投影的代数和分别等于零;后一个方程为取矩平衡方程表达力系中所有各力对任一点的力矩代数和等于零。这组平衡方程称为平面一般力系的基本形式。其适用条件是研究对象受平面任意力系作用,并处于平衡状态,未知力小于等于 3。

平面一般力系的平衡方程还有其他两种形式:

①二力矩式:

$$\begin{cases} \sum M_A(F) = 0 \\ \sum M_B(F) = 0 \end{cases}$$

其适用条件是 A、B 两取矩点连线不能与 X 垂直。

②三力矩式：

$$\begin{cases} \sum M_A(F) = 0 \\ \sum M_B(F) = 0 \\ \sum M_C(F) = 0 \end{cases}$$

其适用条件是 A、B、C 三点不能共线。

平面一般力系有以上三种不同形式的平衡方程组，在解决问题时让学生按计算简便原则选用，培养学生优化意识。

1.3.3　教学应用案例

1. 力投影计算案例

力的投影计算在教学中非常重要，主要应用于 $\sum X = 0$、$\sum Y = 0$ 投影平衡方程求解平衡问题中。教学中使学生重点掌握力投影计算中的两个要点：一是力的投影角度在什么情况下用 $\sin\alpha$、在什么情况下用 $\cos\alpha$；二是正确确定力投影后的正负符号。

应用案例 1-7　如图 1.35 所示，已知 $F_1 = F_2 = F_3 = F_4 = 200\mathrm{N}$ 和各力的方向，试分别求解各力在 x 轴和 y 轴上的投影。

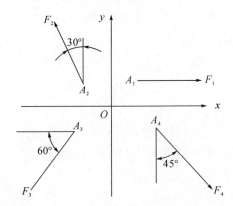

图 1.35　应用案例 1-7 图

解　根据力的投影计算公式，采用列表计算，计算结果如表 1.1 所示。

表 1.1　力的投影计算结果

力	力在 x 轴上的投影	力在 y 轴上的投影
F_1	$200 \times \cos0° = 200 \times 1 = 200(\mathrm{N})$	$200 \times \sin0° = 200 \times 0 = 0(\mathrm{N})$

续表

力	力在 x 轴上的投影	力在 y 轴上的投影
F_2	$-200 \times \sin 30° = -200 \times \dfrac{1}{2} = -100(\text{N})$	$200 \times \cos 30° = 100\sqrt{3} = 173.2(\text{N})$
F_3	$-200 \times \cos 60° = -200 \times \dfrac{1}{2} = -100(\text{N})$	$-200 \times \sin 60° = -100\sqrt{3} = -173.2(\text{N})$
F_4	$200 \times \sin 45° = 100\sqrt{2} = 141.4(\text{N})$	$-200 \times \cos 45° = -100\sqrt{2} = -141.4(\text{N})$

2. 力矩计算案例

力矩、力偶矩计算主要应用于 $\sum M_0(F) = 0$ 平衡方程求解平衡问题中。教学中使学生重点掌握计算公式中的两个要点：一是力臂的取值；二是力矩、力偶矩转向符号的规定。

合力矩定理在教学中重点掌握合力矩定理在求解平衡问题中的应用：一是斜向力力矩的计算；二是均布线荷载力矩的计算。

应用案例 1-8　如图 1.36 所示，已知 $F = 10\text{kN}$、$l = 4\text{m}$、$a = 1\text{m}$、$\theta = 60°$，试计算斜向力对 A 点的力矩。

解　如果用力矩计算公式直接计算，力臂的确定用到的几何知识较为复杂。若用合力矩定理计算则把力 F 看成合力，将其在作用点 B 处投影为 F_x、F_y 两个分力，计算如下：

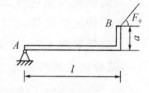

图 1.36　应用案例 1-8 图

由定理知，$\sum M_A(F) = \sum M_A(F_x) + \sum M_A(F_y)$

$$= -F_x a + F_y l = -Fa\cos 60° + Fl\sin 60°$$

$$= -10 \times 1 \times 0.5 + 10 \times 4 \times 0.866$$

$$= 29.64(\text{kN} \cdot \text{m})$$

应用案例 1-9　如图 1.37 所示，已知 $q = 20\text{kN/m}$、$l = 6\text{m}$，试分别求分布线荷载对 A 点和 B 点的力矩。

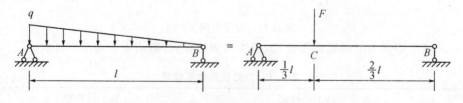

图 1.37　应用案例 1-9 图

解　由荷载计算,分布线荷载为三角形时集中荷载 $F=\frac{1}{2}ql$。F 也可看成是分布线荷载为三角形时的合力。根据合力矩定理,分布线荷载对 A 点和 B 点的力矩分别为:

对 A 点力矩

$$M_A(q)=-F\times\frac{1}{3}l=-\frac{1}{2}\times20\times6\times\frac{1}{3}\times6$$

$$=-120(\text{kN}\cdot\text{m})\,(\text{顺时针转})$$

对 B 点力矩

$$M_B(q)=F\times\frac{2}{3}l=\frac{1}{2}\times20\times6\times\frac{2}{3}\times6=240(\text{kN}\cdot\text{m})\,(\text{逆时针转})$$

应用案例 1-10　如图 1.38 所示,已知钢筋混凝土挡土墙自重荷载 $F_{G1}=90\text{kN}$,垂直土压力 $F_{G2}=140\text{kN}$,水平压力 $F=100\text{kN}$,试验算此挡土墙是否会倾覆?

本案例在教学中引导学生分析挡土墙倾覆时的转动点,如是 A 点还是 B 点,倾覆时是顺时针转还是逆时针转。并进一步分析各力对倾覆点转动作用效果,哪些力是抗倾覆的,哪些力是倾覆的。让学生应用力矩计算的知识动手验算确定挡土墙是否会倾覆。

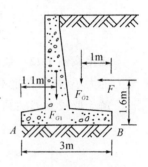

图 1.38　应用案例 1-10 图

3. 平面汇交力系计算案例

应用案例 1-11　如图 1.43 所示,吊装构件为钢筋混凝土梁,其截面尺寸 $b\times h=250\text{mm}\times500\text{mm}$,长 $l=6\text{m}$,试求绳拉力的大小(混凝土自重 $\gamma=24\text{kN/m}^3$)。

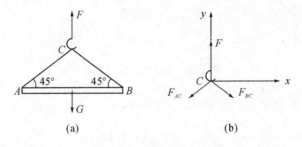

(a)　　　　　　　　　　(b)

图 1.39　应用案例 1-11 图

解　(1)确定研究对象。本题有两个研究对象可供选取:一是选梁;二是选绳与吊钩的汇交点 C 为研究对象。

(2)受力分析。受力情况如图 1.39 所示。未知力 F_{AC}、F_{BC}，由整体二力平衡条件可知 $F=G$。

(3)建立直角坐标系。如图 1.39 所示。

(4)列平衡方程求未知力。

由 $\sum F_X = 0$ 知，$-F_{AC}\cos\alpha + F_{BC}\cos\alpha = 0$ \hfill (1-1)

得 $\quad F_{AC} = F_{BC}$ \hfill (1-2)

由 $\sum F_Y = 0$ 知，$-F_{AC}\sin\alpha - F_{BC}\sin\alpha + F = 0$ \hfill (1-3)

将式(1-2)代入式(1-3)得

$$F_{BC} = \frac{F}{2\sin\alpha} = 24 \times 0.25 \times 0.5 \times 6/(2 \times 0.707) = 12.73(\text{kN})$$ \hfill (1-4)

将式(1-4)代入式(1-2)得

$$F_{AC} = F_{BC} = 12.73(\text{kN})$$

应用案例 1-12 如图 1.40(a)所示，已知 $F=100\text{kN}$，试求 AB 杆和 BC 杆受力的大小(杆的自重不计)。

解 取铰点 B 为研究对象，受力情况如图 1.40(b)所示。

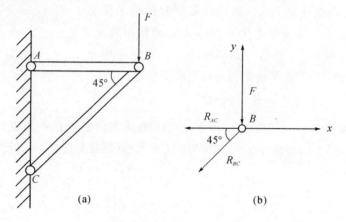

图 1.40 应用案例 1-12 图

由 $\sum F_Y = 0$ 知，$-R_{BC}\sin 45° - F = 0$

得 $\quad R_{BC} = -\dfrac{F}{\sin 45°} = -\dfrac{100}{0.707} = -141.4(\text{kN}) \ (\nearrow)$

由 $\sum F_X = 0$ 知，$-R_{AB} - R_{BC}\cos 45° = 0$

得 $\quad R_{AB} = -R_{BC}\cos 45° = -(-141.4) \times 0.707 = 100(\text{kN}) \ (\leftarrow)$

R_{BC} 的负号表示实际的方向与假设的方向相反，同时也表示构件受压。

4. 平面一般力系计算案例

应用案例 1-13 简支梁如图 1.41(a)所示。已知 $F=10\text{kN}$,梁自重不计,试求支座反力。

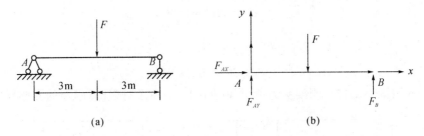

图 1.41 应用案例 1-13 图

解 取梁 AB 为研究对象,其受力情况、坐标系如图 1.41(b)所示。梁上所受的荷载和支座反力构成了平面一般力系,未知力 3 个用平衡方程的基本形式可解。

由 $\sum F_X=0$ 知,$F_{AX}=0$

由 $\sum M_A(F)=0$ 知,$F_B\times 6-F\times 3=0$

得 $\quad F_B=\dfrac{F}{2}=\dfrac{10}{2}=5(\text{kN})\ (\uparrow)$

由 $\sum F_Y=0$ 知,$F_{AY}+F_B-F=0$

得 $\quad F_{AY}=F-F_B=10-5=5(\text{kN})\ (\uparrow)$

应用案例 1-14 简支梁如图 1.42(a)所示,已知梁自重产生的均布线荷载 $q=20\text{kN/m}$,梁长 $l=6\text{m}$,试求梁的支座反力。

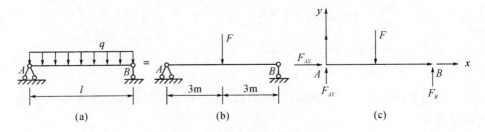

图 1.42 应用案例 1-14 图

解 由荷载的计算可知,均布线荷载的合力 $F=ql$。合力的作用点在均布线荷载分布长度 l 的 1/2 处,其对梁的作用可看成图 1.42(b)所示。

取梁 AB 为研究对象,受力情况、坐标系如图 1.42(c)所示。

由 $\sum F_X = 0$ 知，$F_{AX} = 0$

由 $\sum M_A(F) = 0$ 知，$F_B l - ql\dfrac{l}{2} = 0$

得 $\qquad F_B = \dfrac{1}{2}ql = \dfrac{1}{2} \times 20 \times 6 = 60(\text{kN})$（↑）

由 $\sum F_Y = 0$ 知，$F_{AY} + F_B - ql = 0$

得 $\qquad F_{AY} = ql - F_B = 20 \times 6 - 60 = 60(\text{kN})$（↑）

应用案例 1-15 刚架受力情况如图 1.43(a) 所示，试计算刚架的支座反力。

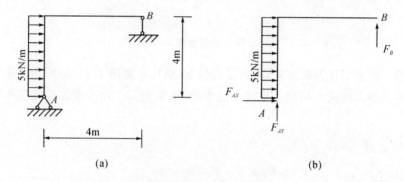

图 1.43 应用案例 1-15 图

解 取刚架为研究对象，受力情况、坐标系如图 1.47(b) 所示。

由 $\sum F_x = 0$ 知，$F_{AX} + 5 \times 4 = 0$

得 $\qquad F_{AX} = -20(\text{kN})$（←）

由 $\sum M_A(F) = 0$ 知，$F_B \times 4 - 5 \times 4 \times 4\dfrac{1}{2} = 0$

得 $\qquad F_B = \dfrac{40}{4} = 10(\text{kN})$（↑）

由 $\sum F_Y = 0$ 知，$F_{AY} + F_B = 0$

得 $F_{AY} = -F_B = 10(\text{kN})$（↓）

应用案例 1-16 吊架如图 1.44(a) 所示，已知 $F = 20\text{kN}$，试计算 A、C 两处的支座反力。

解 取构件 AD 为研究对象，受力情况如图 1.44(b) 所示。BC 为二力杆 C 点处的支座反力，与 R_B 相同，用 R_C 代替 R_B。

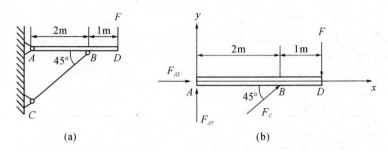

图 1.44　应用案例 1-16 图

(1)用平衡方程的基本形式

由 $\sum M_A(F) = 0$ 知，$F_C\sin45° \times 2 + F_C\cos45° \times 0 - F \times 3 = 0$

得　　$F_C = \dfrac{3 \times F}{2\sin45°} = \dfrac{3 \times 20}{2 \times 0.707} = 42.43\ (\text{kN})(\nearrow)$

由 $\sum F_X = 0$ 知，$F_{AX} + F_C\cos45° = 0$

得　　$F_{AX} = -F_C\cos45° = -42.43 \times 0.707 = -30(\text{kN})\ (\leftarrow)$

由 $\sum F_Y = 0$ 知，$F_{AY} - F + F_C\sin45° = 0$

得　　$F_{AY} = F - F_C\sin45° = 20 - 42.43 \times 0.707 = -10(\text{kN})\ (\downarrow)$

(2)用平衡方程的二力矩式

由 $\sum M_A(F) = 0$ 知，$F_C\sin45° \times 2 + F_C\cos45° \times 0 - F \times 3 = 0$

得　　$F_C = \dfrac{3 \times F}{2\sin45°} = \dfrac{3 \times 20}{2 \times 0.707} = 42.43\ (\text{kN})(\nearrow)$

由 $\sum M_B(F) = 0$ 知，$-F_{AY} \times 2 - F \times 1 = 0$

得　　$F_{AY} = -10(\text{kN})\ (\downarrow)$

由 $\sum F_X = 0$ 知，$F_{AX} + F_C\cos45° = 0$

得　　$F_{AX} = -F_C\cos45° = -42.43 \times 0.707 = -30(\text{kN})\ (\leftarrow)$

(3)用平衡方程的三力矩式

由 $\sum M_A(F) = 0$ 知，$F_C\sin45° \times 2 + F_C\cos45° \times 0 - F \times 3 = 0$

得　　$F_C = \dfrac{3 \times F}{2\sin45°} = \dfrac{3 \times 20}{2 \times 0.707} = 42.43(\text{kN})\ (\nearrow)$

由 $\sum M_B(F) = 0$ 知，$-F_{AY} \times 2 - F \times 1 = 0$

得　　$F_{AY} = -10(\text{kN})\ (\downarrow)$

由 $\sum M_C(F) = 0$ 知，$-F_{AX} \times 2 - F \times 3 = 0$

得　　$F_{AX} = -30(kN)$ （←）

应用案例 1-17　静定多跨梁如图 1.45(a)所示，梁自重不计，试求支座 A、B 及 D 的约束反力。

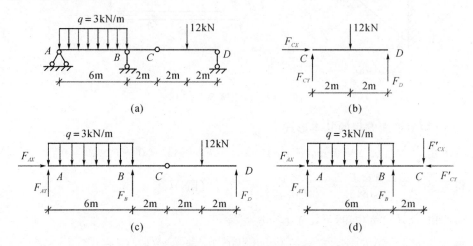

图 1.45　应用案例 1-17 图

解　本题属于物体系统的平衡问题。若取整体为研究对象有 4 个未知力，用 3 个平衡方程不能全部求解；若以单个物体为研究对象属平面一般力系问题，可列 3 个独立的平衡方程，2 个物体能列 6 个独立方程可解 6 个未知力。本题所求问题正好 6 个未知量，所以以 2 个物体为研究对象问题可解。

结论　在物体系统的平衡问题中，若每个物体受平面力一般系作用可求解 $3n$ 个未知量（n 为物体个数）。

首先取 CD 简支梁为研究对象，求支座 C 及铰 D 的约束反力，受力情况如图 1.45(b)所示。

　　由 $\sum F_X = 0$

得　　$F_{CX} = 0$

　　由 $\sum M_C(F) = 0$ 知，$F_D \times 4 - 12 \times 2 = 0$

得　　$F_D = 6(kN)$ （↑）

　　由 $\sum F_Y = 0$ 知，$F_{CY} + F_D - 12 = 0$

得　　$F_{CY} = 12 - 6 = 6(kN)$ （↑）

再取梁 AC 为研究对象求支座 A、B 的约束反力，依据作用力与反作用力 （$F_{CY} = F'_{CY}$）和约束类型，受力情况如图 1.45(d)所示。

　　由 $\sum F_X = 0$ 知，$F_{AX} - F'_{CX} = 0$

得　　$F_{AX} = 0$

由 $\sum M_A(F) = 0$ 知，$F_B \times 6 - F'_{CY} \times 8 - 3 \times 6 \times 3 = 0$

得　　$F_B = \dfrac{F_{CY} \times 8 + 3 \times 6 \times 3}{6} = (6 \times 8 + 3 \times 6 \times 3)\dfrac{1}{6} = 17(\text{kN})\,(\uparrow)$

由 $\sum F_Y = 0$ 知，$F_{AY} + F_B - 3 \times 6 - F'_{CY} = 0$

得　　$F_{AY} = 3 \times 6 + F'_{CY} - F_B = 18 + 6 - 14 = 7(\text{kN})\,(\uparrow)$

也可取整体为研究对象求支座 A、B 的约束反力，受力情况如图 1.45(c)所示。

由 $\sum F_X = 0$

得　　$F_{AX} = 0$

由 $\sum M_A(F) = 0$ 知，$F_B \times 6 + F_D \times 12 - 12 \times 10 - 3 \times 6 \times 3 = 0$

得　　$F_B = \dfrac{12 \times 10 + 3 \times 6 \times 3 - R_D \times 12}{6}$

　　　　$= (12 \times 10 + 3 \times 6 \times 3 - 6 \times 12)\dfrac{1}{6} = 17(\text{kN})\,(\uparrow)$

由 $\sum F_Y = 0$ 知，$F_{AY} + F_B + F_D - 3 \times 6 - 12 = 0$

得　　$F_{AY} = 3 \times 6 + 12 - F_B - F_D = 18 + 12 - 17 - 6 = 7(\text{kN})\,(\uparrow)$

应用案例 1-18　静定多跨梁如图 1.46(a)所示，已知 $F_1 = 16\text{kN}$，$F_2 = 20\text{kN}$，$m = 8\text{kN} \cdot \text{m}$，梁自重不计，试求支座 A、C 及铰 B 的约束反力。

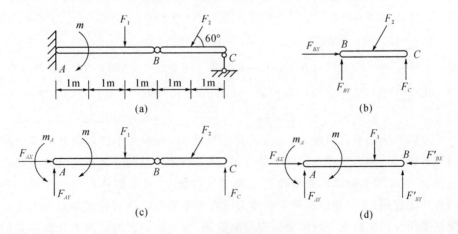

图 1.46　应用案例 1-18 图

解　首先取 BC 简支梁为研究对象，求支座 C 及铰 B 的约束反力，受力情况如图 1.46(b)所示。

由 $\sum F_X = 0$ 知,$F_B - F_2\cos60° = 0$

得 $\quad F_B = F_2\cos60° = 20 \times 0.5 = 10(\text{kN})\ (\rightarrow)$

由 $\sum M_B(F) = 0$ 知,$F_C \times 2 - F_2\sin60° \times 1 = 0$

得 $\quad F_C = \dfrac{F_2\sin60°}{2} = \dfrac{20 \times 0.866}{2} = 8.66(\text{kN})\ (\uparrow)$

由 $\sum F_Y = 0$ 知,$F_{BY} + F_C - F_2\sin60° = 0$

得 $\quad F_{BY} = F_2\sin60° - F_C = 20 \times 0.866 - 8.66 = 8.66(\text{kN})\ (\uparrow)$

再取悬臂梁 AB 为研究对象求支座 A 的约束反力,依据作用力与反作用力和约束类型,受力情况如图 1.46(d)所示。

由 $\sum F_X = 0$ 知,$F_{AX} - F'_{BY} = 0$

得 $\quad F_{AX} = F'_{BX} = F_{BX}\cos60° = 10(\text{kN})\ (\rightarrow)$

由 $\sum F_Y = 0$ 知,$F_{AY} - F_1 - F'_{BY} = 0$

得 $\quad F_{AY} = F_1 + F'_{BY} = 16 + 8.66 = 24.66(\text{kN})\ (\uparrow)$

由 $\sum M_A(F) = 0$ 知,$m_A - m - F_1 \times 2 - F'_{BY} \times 3 = 0$

得 $\quad m_A = m + F_1 \times 2 + F'_{BY} \times 3 = 8 + 16 \times 2 + 8.66 \times 3 = 65.98(\text{kN}\cdot\text{m})\ (\circlearrowleft)$

也可取整体为研究对象求支座 A 的约束反力,受力情况如图 1.46(c)所示。

由 $\sum F_X = 0$ 知,$F_{AX} - F_2\cos60° = 0$

得 $\quad F_{AX} = F_2\cos60° = 20 \times 0.5 = 10(\text{kN})\ (\rightarrow)$

由 $\sum F_Y = 0$ 知,$F_{AY} + F_C - F_1 - F_2\sin60° = 0$

得 $\quad F_{AY} = -F_C + F_1 + F_2\sin60° = -8.66 + 16 + 20 \times 0.866 = 24.66(\text{kN})\ (\uparrow)$

由 $\sum M_A(F) = 0$ 知,$m_A - m - F_1 \times 2 - F_2\sin60° \times 4 + F_C \times 5 = 0$

得 $\quad m_A = m + F_1 \times 2 + F_2\sin60° \times 4 - F_C \times 5 = 65.98(\text{kN}\cdot\text{m})\ (\circlearrowleft)$

物体系统的平衡问题,解题方法是多样化的,区别在于选取研究对象。取研究对象与结构的形式和物体个数有关,两个物体构成的物体系统解题方法有三种:①先取单个物体再取整体为研究对象解题;②先取整体再取单个物体为研究对象解题;③分别选取单个物体为研究对象解题。针对静定多跨教学中梁建议采用分别选取单个物体为研究对象解题,因为静定多跨梁内力计算中是把静定多跨梁拆卸成静定单跨梁来解决画内力图问题的。

第2章 内力分析与计算教学研究及实践

2.1 内力分析与计算教学

2.1.1 内力分析与计算教学情境

选取钢筋混凝土简支梁和悬臂梁内力图及配筋图对比作为内力分析与计算教学情境，如图 2.1 所示。

建筑的主要功能是为人类的生产和生活提供空间。为了形成空间，任何建筑都必须依赖能够承受荷载的构件及其形成的结构，如梁、柱、墙、板等。显然，为了保证建筑的稳定坚固，必须正确设计各种构件；而只有了解了各种构件的受力情况，才可能做到这一点。本内容从最基本的受力构件和受力形式出发，研究了常见的平面杆件结构的内力分析与计算方法，介绍了内力图的绘制方法。这些内容是进一步计算构件、结构的基本依据，是进一步研究超静定结构的基础。工程中简支梁和悬臂梁的配筋问题容易搞错，受力钢筋（粗钢筋）的位置经常被混淆，学习本内容知识后，这些问题很容易得到解决。在图 2.1 的两种构件中，简支梁截面配筋图由于荷载作用下梁下部受拉（弯矩图画在下边），主要受力钢筋（粗钢筋）应放置在梁下部，梁截面下部 3 根钢筋上部 2 根钢筋（见图 2.1(a)）；悬臂梁截面配筋图由于荷载作用下梁上部受拉（弯矩图画在上边），主要受力钢筋（粗钢筋）应放置在梁上部，梁截面上部 3 根钢筋下部 2 根钢筋（见图 2.1(b)）。在混凝土结构施工中，图 2.1 所示的箍筋弯钩位置放置是否正确，在教学中可让学生通过内力分析与计算内容的学习作出正确的判断，培养学生力学与施工的结合能力。本知识对工程实践起着重要的基础性作用，因此应引导学生重视本内容的学习，提高能力，熟练掌握内力分析与计算的本领。

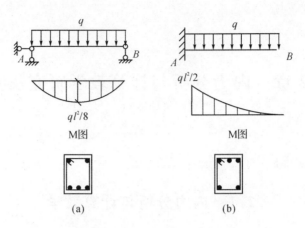

图 2.1　钢筋混凝土简支和梁悬臂梁内力图与配筋图

2.1.2　内力分析与计算教学内容

1.构件内力分析与计算

(1)轴心拉(压)构件

轴心拉(压)构件内力分析与计算教学重点是掌握轴心拉(压)构件的受力与变形特点和内力计算方法,引导学生对事物认识,掌握本事物与其他事物区别以便更好地认识事物,教学中可引入轴心拉(压)构件工程情境进行教学。

构件在外力作用下会产生内力和变形,这种内力是外力作用的效应,是在外力作用下引起的原有内部质点力的改变量。内力计算是力学中最基础的内容之一。

当外力(或其合力)作用线与杆件轴线重合时,杆件发生轴向拉压变形,如图 2.2 所示为轴心拉(压)构件的受力与变形特点,其中图(a)为轴向拉变形,图(b)为轴向压变形。在外力作用下构件内部产生轴向拉压内力,简称轴力。

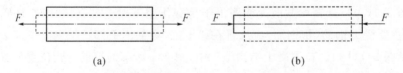

图 2.2　轴向拉(压)构件受力与变形

内力计算的基本方法是截面法,其不仅求轴力适用,而且在后续计算其他受力与变形构件的内力时也适用,必须熟练掌握。

截面法计算内力分三步:

第一步:沿所求内力的截面 m-m,假想地把构件截开,任取一部分为研究对象,而丢掉另一部分,如图 2.3(b)、(c)所示。

第二步:对保留部分隔离体画受力图,加上所有外力,使得隔离体仍处于平衡状态。

由隔离体的平衡条件可知,轴心受拉杆件横截面上的内力只能是轴力 N。

为了便于在内力图上表示出内力符号,不论横截面上内力的实际指向如何,

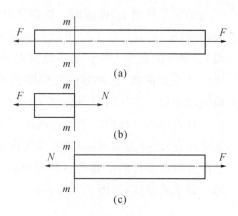

图 2.3　截面法计算轴力

规定将未知内力标成正方向。对于轴心拉压杆件内力,规定拉力为正,压力为负;也即离开截面为正,指向截面为负。

第三步:对隔离体受力图建立平衡方程,并解出所求内力。对图 2.3(b)有:

$$\sum F_X = 0, F - N = 0, \text{即} N = F$$

正号表示内力实际指向与假设指向一致,负号表示内力实际指向与假设指向相反。此处,横截面上内力为正,即拉力。

对图 2.3(c),也有 $\sum F_X = 0, F - N = 0,$ 即 $N = F$

结果相同。

(2) 受弯构件

工程结构中的杆件,当受到垂直轴线的外力或轴线平面内的外力偶作用时,其轴线将由直线变为曲线,发生弯曲变形,如图 2.4(a)和(b)所示。这样的构件即为受弯构件。以弯曲变形为主的杆件统称为梁,是工程上十分重要也十分常见的一种构件,教学中可引入阳台挑梁和门窗过梁等受弯构件工程情境进行教学。

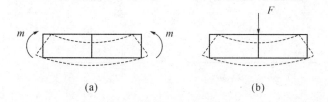

(a)　　　　　　　　　　　　(b)

图 2.4　受弯构件受力与变形

工程常见的梁,横截面一般都具有竖向对称轴(见图 2.4 中 AD),对称轴与梁轴线(见图 2.4 中 EF)可以构成梁的纵向对称面(见图 2.4 中的 ABCD 平面)。如果梁上外力均作用在纵向对称面内,梁轴线将在该纵向对称面内弯曲成一条平面曲线,这种弯曲变形即为平面弯曲,如图 2.4 所示。平面弯曲是弯曲问题中最基本的情况,是研究的重点。

具有纵向对称面的平面弯曲梁,其受力特点是:外力为横向力(作用线与梁轴线垂直)或外力偶,其中外力作用在梁纵向对称面内;外力偶作用在梁纵向对称面或与之平行的平面内。其变形特点是:梁变形后,轴线变成纵向对称面内的一条平面曲线,如图 2.5 所示。

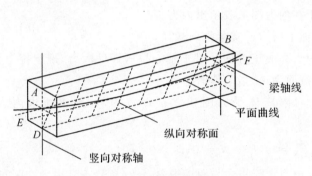

图 2.5　构件平面弯曲

在对受弯梁进行分析计算时,为方便起见,常使用计算简图,主要有以下三种基本形式:

①简支梁。梁的一端是固定铰支座,另一端是可动铰支座,如图 2.6(a)所示。门窗过梁可以简化为一根简支梁。

②外伸梁。梁用一个固定铰支座和一个可动铰支座支撑,但梁的一端或两端伸出支座外,如图 2.6(b)、(c)所示。

简支梁和外伸梁两支座间的距离为梁的跨度。梁可以是单跨的,也可以是多跨的。

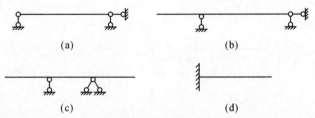

图 2.6　受弯构件的基本形式

③悬臂梁。梁一端固定,另一端自由时可以简化为悬臂梁,如图 2.6(d)所示。阳台挑梁可以简化为悬臂梁。

计算受弯构件的截面内力的基本方法是截面法,基本步骤同轴心拉压杆的内力计算。

第一步:沿所求内力的截面 $m\text{-}m$,假想地把构件截开,任取一部分为研究对象,用平衡方程确定截面上内力,竖向投影平衡方程确定截面上存在剪力 V,转动平衡方程确定截面上存在弯矩 M,水平投影平衡方程确定截面上不存在轴力 N,如图 2.7(b)、(c)所示。

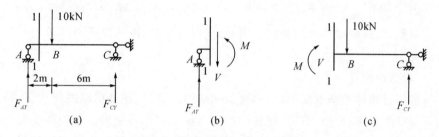

图 2.7 受弯构件的内力计算

第二步:对保留部分隔离体画受力图,为便于计算和工程应用的需要规定了剪力和弯矩的符号。剪力符号规定剪力使截取的隔离体任一点顺时针转动为正,反之为负,如图 2.8(a)所示。弯矩使杆件下部纤维受拉为正,反之为负,如图 2.8(b)所示。

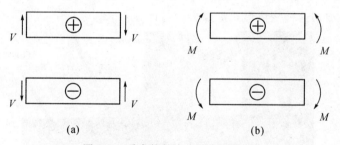

图 2.8 受弯构件内力正负号规定

第三步:对隔离体受力图建立平衡方程,并解出所求内力。对于图 2.7(a),首先求解支座反力。由梁的整体平衡方程:

由 $\sum M_A = 0$,有 $F_{BY} \times 8 - 10 \times 2 = 0$,得 $F_{BY} = 2.5(\text{kN})$

由 $\sum F_Y = 0$,有 $F_{BY} + F_{AY} - 10 = 0$,得 $F_{AY} = 7.5(\text{kN})$

然后对 1-1 截面使用截面法求解内力。如取左段为研究对象,画出隔离体受力图,如图 2.7(b)所示。

由 $\sum F_Y = 0$,有 $F_{AY} - V_1 = 0$,得 $V_1 = 7.5 \text{(kN)}$

对 1-1 截面形心建立力矩方程:

由 $\sum M_1 = 0$,有 $M_1 - F_{AY} \times 1 = 0$,得 $M_1 = 7.5 \text{(kN} \cdot \text{m)}$

如取右段为研究对象,画出隔离体受力图,如图 2.7(c)所示。

由 $\sum F_Y = 0$,有 $F_{BY} + V_1 - 10 = 0$,得 $V_1 = 7.5 \text{(kN)}$

对 1-1 截面形心建立力矩方程:

由 $\sum M_1 = 0$,有 $F_{BY} \times 7 - 10 \times 1 - M_1 = 0$,得 $M_1 = 7.5 \text{(kN} \cdot \text{m)}$

显然,取任一段结果均相同。因此,进行计算时,应选取受力简单的一侧进行研究。

(3)剪切构件

剪切是构件的基本变形之一,对于钢结构的骨架,在外荷载的作用下,结构构件将产生拉压、弯曲、剪切、扭转四种基本变形和组合变形。若构件受到一对相距很近、大小相同、方向相反的横向外力作用时,则该杆件将沿着两侧外力之间的横截面发生相对错动,这种变形形式称为剪切。如图 2.9 所示为梁、柱螺栓连接节点,梁在竖向荷载作用下通过螺栓与柱连接使钢结构保持平衡,连接件螺栓横截面将发生相对错动产生剪切,因此,属受剪构件。螺栓受剪的同时梁钢板与螺栓接触还将发生挤压。本例中梁一侧用了 6 个螺栓与柱连接,请问为什么不是 4 个或 8 个呢? 显然,为确保钢结构在荷载作用下拥有足够承载力,必须对剪切这种变形形式加以分析与计算。

图 2.9 梁、柱螺栓连接节点

实际工程中,构件之间通常采用连接件相互连接,常用螺栓、铆钉、销钉等,分别如图 2.10(a)、(b)、(c)所示。连接件对整个结构的牢固和安全起着重要作用,对其内力分析与计算应予以重视,本内容主要为剪切构件承载力计算打下基础。

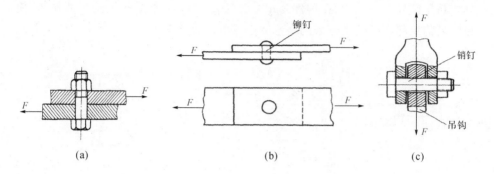

图 2.10　连接件剪切示例

如图 2.11(a)所示,两块钢板用铆钉连接。在杆件受到一对相距很近、大小相同、方向相反的横向外力 F 的作用时,将沿着两侧外力之间的横截面发生相对错动,这种变形形式称为剪切。当外力 F 足够大时,杆件便会被剪断。发生相对错动的横截面则称为剪切面。

在外力 F 作用下,使得剪切面发生相对错动,该截面上必然会产生相应的内力以抵抗变形,这种内力就称为剪力,用符号 F_S 表示。运用截面法,可以很容易地分析出位于剪切面上的剪力与外力 F,大小相等、方向相反,如图 2.11(b)所示。力学中通常规定:剪力对所研究的分离体内任意一点的力矩,顺时针方

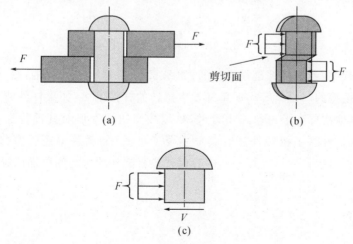

图 2.11　剪切内力计算实例

向为正,逆时针方向为负。图 2.11(c)中的剪力为正。

连接件在受剪切的同时,在两构件接触面上,因为相互挤压会产生局部受压,称为挤压,如图 2.12 所示。剪切构件除可能被剪断外,还可能发生挤压破坏。挤压破坏的特点为:在构件互相接触的表面上,因承受较大的压力作用,使接触处的局部区域发生显著的塑性变形或被压碎。

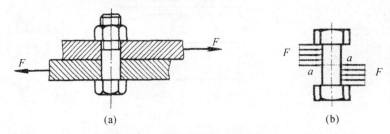

(a)   (b)

图 2.12 螺栓连接的钢板及受力

(4)扭转构件

扭转也是构件的基本变形之一。其计算简图如图 2.13(a)所示。在一对大小相等、方向相反、作用面垂直于杆件轴线的外力偶作用下,直杆的任意两横截面(如图中 $m\text{-}m$ 截面和 $n\text{-}n$ 截面)将绕轴线相对转动,杆件的轴线仍将保持直线,而其表面的纵向线将成螺旋线。这种变形形式就称为扭转。

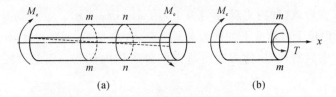

(a)   (b)

图 2.13 扭转的计算简图

在工程中,受扭杆件是很常见的,如图 2.14 机器中的传动轴,图 2.15 房屋建筑中带雨篷的门过梁等。但单纯发生扭转的杆件不多,如果杆件的变形以扭转为主,其他次要变形可忽略不计的,可以按照扭转变形对其进行强度和刚度计算;如果杆件除了扭转外还有其他主要变形的(如雨篷梁还受弯、钻杆还受压),则要通过组合变形计算。本内容仅就等直圆杆的扭转问题加以说明。

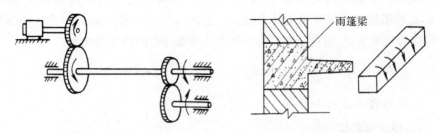

图 2.14　机器传动轴简图　　　　图 2.15　雨篷门过梁简图

扭转构件截面上的内力可用截面法求出。将杆件沿横截面 $n\text{-}n$ 假想地截开（见图 2.16(a)），任取其中一段（如左段，见图 2.16(b)）为研究对象。根据该段杆件的平衡条件可知，扭转时，杆件横截面上的分布内力为一垂直于杆件横截面的力偶，其力偶矩称为扭矩，用符号 T 表示。由平衡方程 $\sum M_x = 0$ 得到 $T = M$。

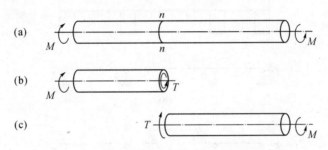

图 2.16　扭转构件内力分析与计算

如果取杆件的右段（见图 2.16(c)）为研究对象，扭矩 T 也有同样的结果，它与前者互为反作用。

为了使截面的左右两段轴求得的扭矩具有相同的正负号，对扭矩的正、负作如下规定：采用右手螺旋法则，如图 2.17 所示，以右手四指表示扭矩的转向，当拇指的指向与截面外法线方向一致时，扭矩为正号；反之为负号。

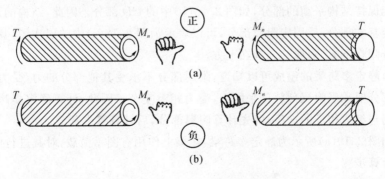

图 2.17　扭转正负号示例

以工程中常见的传动轴为例,我们往往只知道它所传递的功率 P 和转速 n,这时需通过计算来确定外力偶矩。若已知传动轴的转速 n(单位:r/min),所传递的功率为 P(单位:kW),则可得外力偶矩 M_e 的计算公式为:

$$M_e = 9550 \frac{P}{n} (\text{N} \cdot \text{m}) \text{ 或 } M_e = 9.55 \frac{P}{n} (\text{kN} \cdot \text{m})$$

2.结构内力分析与计算

(1)静定多跨梁

静定多跨梁是由若干单跨梁用中间铰按照静定结构的几何组成规则形成的一种结构体系,在屋架檩条和公路桥梁中应用较多。图 2.18(a)所示为一屋盖中的檩条,檩条接头处用斜口搭接的形式,并用螺栓固紧。其计算简图如图2.18(b)所示。

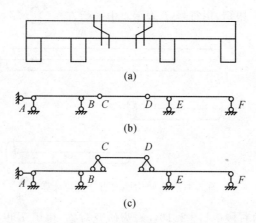

图 2.18 静定多跨梁示例

静定多跨梁的几何组成可分为两部分:基本部分和附属部分。基本部分是指能独立承受荷载和保持结构平衡的部分,如图 2.18(b)中的 ABC 和 DEF 部分;附属部分是指不能独立承受荷载和保持结构平衡,必须依靠基本部分的支撑才能保持结构平衡的部分,如图 2.18(b)中的 CD 部分。因此,结构的形成是先固定基本部分,后固定附属部分,可以表示为图 2.18(c)中的层次图,其中,基本部分画在下方,附属部分画在上方。

由静定多跨梁的组成可以知道,附属部分不承受其他部分的力,受力简单;基本部分要承受附属部分传来的力,受力相对复杂。因此,计算静定多跨梁时,宜采用与组成相反的次序,即先计算附属部分,后计算基本部分。

如图 2.19(a)所示为静定多跨梁,在梁上作用有图示荷载,对其进行内力分析与计算步骤。

第一步:分析层次,作层次图。

由图 2.19(a)所示,AB 为基本部分,BCD、DEF 均为附属部分,且 DEF 为最上层附属部分,可画出该梁的层次图,如图 2.19(b)所示。因此,该梁的计算次序应为:先计算 DEF 部分,再计算 BCD 部分,最后计算 AB 部分。

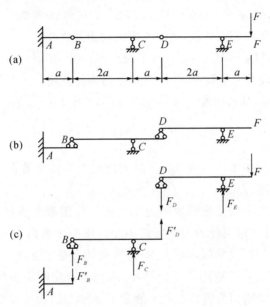

图 2.19　静定多跨梁内力分析与计算

第二步:逐层求支座反力。

先计算最上层:

对 DEF 梁,由 $\sum M_D = 0$,有 $F_{EY} \times 2a - F \times 3a = 0$,得 $F_{EY} = 3F/2$（↑）

由 $\sum F_Y = 0$,有 $F_{DY} - F_{EY} + F = 0$,得 $F_{DY} = F/2$（↓）

对 BCD 梁,由 $\sum M_B = 0$,有 $F_{CY} \times 2a + F_{DY} \times 3a = 0$,得 $F_{CY} = -3F/4$（↓）

由 $\sum F_Y = 0$,有 $F_{DY} + F_{BY} + F_{CY} = 0$,得 $F_{BY} = F/4$（↑）

AB 为悬臂梁,可直接从自由端 B 点开始计算,不再计算 A 端支座反力。

第三步:直接计算法求各层梁控制截面剪力。

对 DEF 梁,$V_{F左} = F$,$V_{E右} = F$,$V_{E左} = F - 3F/2 = -F/2$

因 DE、EF 段均为空载段,两段剪力图均为水平线。

对 BCD 梁,$V_{C右} = -F/2$,$V_{C左} = -F/2 + 3F/4 = F/4$

因 BC、CD 段均为空载段,两段剪力图也均为水平线。

AB 为悬臂梁,从自由端计算,$V_{A右}=F/4$

剪力图也为水平线。

据上,可绘出剪力图。

第四步:直接计算法求各层梁控制截面弯矩。

对 DEF 梁,$M_{F左}=0$,$M_{E右}=M_{E左}=Fa$(上拉),$M_D=0$

因 DE、EF 段均为空载段,两段弯矩图均为斜直线。

对 BCD 梁,$M_{C右}=M_{C左}=Fa/2$(下拉),$M_B=0$

因 BC、CD 段均为空载段,两段弯矩图均为斜直线。

AB 为悬臂梁,从自由端计算,$M_{A右}=Fa/4$(上拉)

弯矩图也为斜直线。

(2)平面刚架

平面刚架结构如图 2.20 所示,其组成特点是均具有梁和柱,并且梁和柱之间通过刚结点相连。

刚结点的主要特点是能够像固定端支座一样限制所连杆件在结点处的转动,使得所连杆件在结点处的夹角保持不变。刚架中的内力一般有弯矩 M、剪力 V 和轴力 N 三种,但常以弯矩为主,剪力和轴力是次要的。

刚架是建筑工程中应用广泛的结构,可分为静定刚架和超静定刚架,本内容主要以静定平面刚架为研究对象。静定平面刚架的常见类型有悬臂刚架(见图 2.20(a))、简支刚架(见图 2.20(b))、三铰刚架(见图 2.20(c))以及组合刚架(见图 2.20(d))。

刚架内力的求解方法仍然是截面法,可以采用画隔离体受力图的方式,也可以采用直接计算法。一般来说,受力简单时宜用直接计算法,受力复杂容易

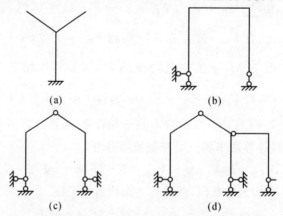

图 2.20　平面刚架示例

出错时宜用隔离体受力图的方法。由于刚架杆件较多,在表示杆件截面内力时一般用截面所在杆两端字母表示杆件,其中以第一个字母表示截面端,如 M_{AB} 表示 AB 杆上 A 截面的 M 值,M_{BA} 表示 AB 杆上 B 截面的 M 值;V_{AB} 表示 AB 杆上 A 截面的 V 值,V_{BA} 表示 AB 杆上 B 截面的 V 值。刚架内力的求解步骤一般是先求解支座反力,再用截面法求截面内力。但当刚架为悬臂刚架时,可以不求支座反力,直接从自由端向内部求解,从而简化做题过程。

(3)平面桁架

对于图 2.21(a)所示的屋架,在实际计算中,为了简化计算过程,通常做以下假设:

①桁架的结点(两杆相连处)都是铰结点;

②各杆都是直杆,并且通过铰的中心;

③外力(支反力和荷载)都作用在结点上。

符合上述假设的屋架的计算简图如图 2.21(b)所示,这类结构称为桁架,也叫理想桁架。当桁架各杆轴线和所受外力均在一个平面内时,称为平面桁架。因此,平面桁架是由直杆通过铰结点组成的平面链杆体系。当荷载只作用在结点时,杆件只在两端受力,通常称为二力杆。根据二力平衡原理,桁架杆件内只有沿轴线方向的轴力。因此,按理想桁架计算的桁架内力均为轴力。

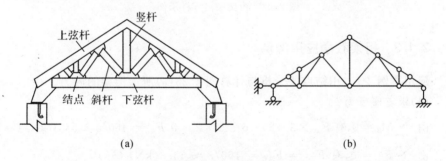

(a)　　　　　　　　　　　(b)

图 2.21　平面桁架示例

由于桁架的杆件内力只有轴力,截面上应力分布均匀,可以充分发挥材料的作用,跨度较大,广泛应用于工业及公共建筑工程。

桁架的杆件按所在位置可分为弦杆和腹杆两类,如图 2.21 所示。桁架上下外围的杆件为弦杆,有上弦杆和下弦杆;弦杆之间的杆件为腹杆,有竖杆和斜杆。弦杆上两相邻结点间的区间称为节间,其长度为节间长度。上弦杆和下弦杆之间的最大距离称为桁架高度。

静定平面桁架内力计算方法有两种:结点法和截面法。

结点法在求解桁架内力时,每次取一个结点为研究对象,画出其隔离体受力图,利用平面汇交力系的平衡方程来计算未知轴力,该方法即为结点法。由于一个结点可以列出两个平衡方程,每次取一个结点可以计算出两个杆件的未知轴力。结点法适用于求全部桁架杆的内力。为了能够求出所有内力,必须从只有两个未知力的结点开始,然后依次截取各结点计算。

桁架中内力为零的杆叫零杆。使用结点法时,可以利用其特殊情况先判断出零杆和内力关系,再进行计算,静定平面桁架零杆如图 2.22 所示。

图 2.22(a)无外力作用的两杆结点,两杆的内力 N_1 和 N_2 均为 0。

图 2.22(b)不共线的两杆结点,外力沿一杆作用,其中 N_2 为 0。

图 2.22(c)无外力作用的三杆结点,如果其中两杆共线,则第三杆内力为 0,称其为零杆;并且共线的两杆内力相等,同为拉力或同为压力。

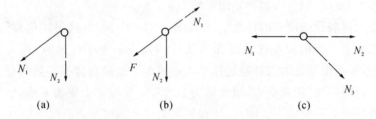

$$\text{(a)} \qquad \text{(b)} \qquad \text{(c)}$$

图 2.22 桁架结点零杆示例

2.1.3 桁架教学应用案例

应用案例 2-1 用结点法分析与计算图 2.23(a)所示桁架的内力。

(1)求支座反力。

由 $\sum M_B = 0$,有 $F_{AX} \times 3 - 20 \times 6 - 20 \times 2 = 0$,$F_{AX} = 160/3 \approx 53.3 \text{(kN)} (\rightarrow)$

由 $\sum F_X = 0$,有 $F_{BX} = F_{AX} = 160/3 \approx 53.3 \text{(kN)} (\leftarrow)$

由 $\sum F_Y = 0$,有 $F_{AY} - 20 - 20 = 0$,$F_{AY} = 40 \text{(kN)} (\uparrow)$

(2)用结点法计算各杆内力。

首先应用基本原则确定各零杆。依次使用无外力下三结点杆原则,可知 EF、ED、CD 杆均为零杆。

再选择计算次序。由于使用结点法必须从只有两个未知力的结点开始,后依次截取各结点计算,该题可以从 G 点开始依次向内部计算。具体如下:

G 点:由三角形可知 $\sin\alpha = 1/\sqrt{5}$ $\cos\alpha = 2/\sqrt{5}$

由 $\sum F_Y = 0$,有 $N_{EG}\sin\alpha - 20 = 0$,$N_{EG} = 20\sqrt{5} \text{(kN)}$

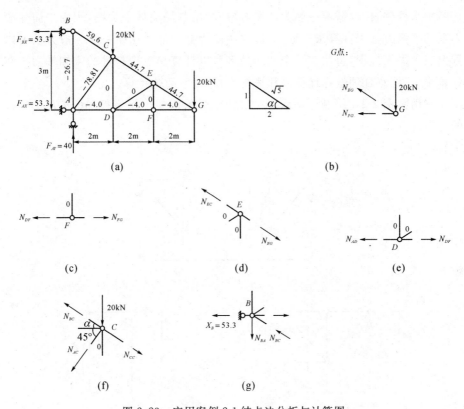

图 2.23　应用案例 2-1 结点法分析与计算图

由 $\sum F_X = 0$，有 $N_{FG} + N_{EG}\cos\alpha = 0$，$N_{FG} = -40(\text{kN})$

F 点：由于 $N_{EF} = 0$，$N_{DF} = N_{FG} = -40(\text{kN})$

E 点：由于 $N_{EF} = N_{ED} = 0$，$N_{EC} = N_{EG} = 20\sqrt{5}(\text{kN})$

D 点：由于 $N_{CD} = N_{ED} = 0$　$N_{AD} = N_{DF} = -40(\text{kN})$

C 点：由 $\sum F_Y = 0$，有 $N_{BC}\sin\alpha - 20 - N_{EC}\sin\alpha - N_{AC}\sin45 = 0$

由 $\sum F_X = 0$，有 $N_{BC}\cos\alpha - N_{EC}\cos\alpha + N_{AC}\cos45 = 0$

将 $N_{EC} = 20\sqrt{5}$ 代入，解联立方程，得

$\quad N_{BC} = 59.6(\text{kN})$

$\quad N_{AC} = -18.81(\text{kN})$

最后取 B 点为研究对象：

由 $\sum F_Y = 0$，有 $N_{BC}\sin\alpha + N_{BA} = 0$，$N_{BA} = -26.7(\text{kN})$

截面法适用于求桁架中某几根杆的内力。在求解桁架内力时，用一个截面

切断拟求杆件,任取截面一侧为研究对象,画出其隔离体受力图,利用平面一般力系的平衡方程来计算未知轴力,该方法即为截面法。由于一个一般力系可以列出三个平衡方程,每次取一个截面最多可以计算出三个杆件的未知轴力。在计算中,应注意合理选择计算侧和平衡方程,从而简化计算。

应用案例 2-2 用截面法求图 2.24(a)所示桁架中指定杆 AC、DE、DG 杆的内力。

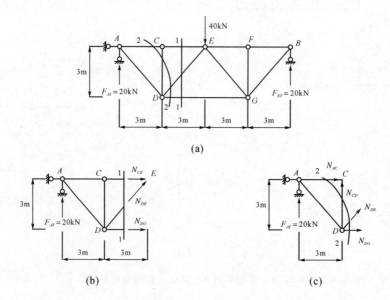

图 2.24 应用案例 2-2 截面法分析与计算图

(1)求支座反力。

支座反力用平衡方程求解,本例由于结构有对称性,支座反力可直接求出:

$$F_{AY} = F_{BY} = 20\text{kN}(\uparrow)$$

(2)用截面法计算指定各杆的内力。

本结构可视为联合桁架,DG 杆可视为连接杆,先求 DG 杆的轴力。

首先选取 1-1 截面将杆件 CE、DE、DG 截开,可同时求出 DE、DG 两杆的内力。

由 $\sum M_E = 0$,有 $F_{AY} \times 6 - N_{DG} \times 3 = 0$,$N_{DG} = 40$(kN)

由 $\sum F_Y = 0$,有 $F_{AY} + N_{DE} \times \sin 45° = 0$,$N_{DE} = -31.31$(kN)

再选取 2-2 截面将杆件 AC、CD、DE、DG 截开,虽然截开 4 根杆,但由于 CD、DE、DG 三杆交于 D 点,可取 D 点为矩心,建立力矩平衡方程 $\sum M_D = 0$,

求出 AC 杆的内力。

由 $\sum M_D = 0$，有 $F_{AY} \times 3 + N_{AC} \times 3 = 0$，$N_{AC} = -20(\text{kN})$

在桁架内力计算中，有时综合应用结点法和截面法分析与计算更为简便。

2.2　绘制内力图教学案例

2.2.1　受弯构件内力图

应用案例 2-3　已知图 2.25(a)所示简支梁，承受满跨的均布荷载作用，试用方程法绘梁的内力图。

解　(1)求支座反力。

由梁的整体平衡方程 $\sum M_B = 0$，有 $ql^2/2 - F_{AY} \times l = 0$，得 $F_{AY} = ql/2\,(\text{kN})$

由 $\sum F_Y = 0$，有 $F_{BY} + F_{AY} = ql$，得 $F_{BY} = ql/2\,(\text{kN})$

也可利用对称性直接求出。

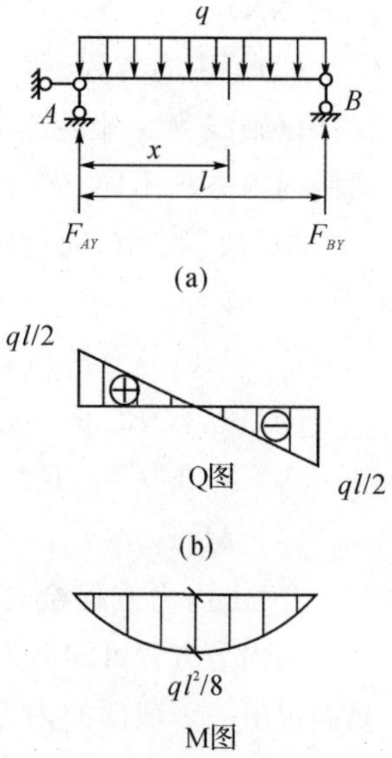

(2)写内力方程。

以轴线为 x 坐标轴，AB 方向为正方向，选择距 A 为 x 的截面为代表性截面，对截面左侧运用直接计算法，可列出该截面的剪力方程和弯矩方程：

$$Q(x) = F_{AY} - qx = ql/2 - qx \quad (0 < x < l)$$
$$M(x) = F_{AY}x - qx \times x/2 = qlx/2 - qx^2/2$$
$$(0 < x < l)$$

(3)由内力方程绘内力图。

由内力方程可知剪力图呈直线变化规律，因此，绘剪力图时只需定出两截面的内力值，连成直线即可。

当 $x \to 0$ 时，$V_{AB} = ql/2$

当 $x \to l$ 时，$V_{BA} = ql/2 - ql = -ql/2$

剪力图如图 2.25(b)所示。

由内力方程可知弯矩图呈抛物线变化规律，因此，绘弯矩图时只需定出三截面的内力值，连成抛物线即可。

图 2.25　应用案例 2-3 图

当 $x \to 0$ 时，$M_{AB} = 0$

当 $x \to l$ 时，$M_{BA} = ql^2/2 - ql^2/2 = 0$

当 $x \to l/2$ 时，$M_{中} = ql^2/4 - ql^2/8 = ql^2/8$(下部受拉)

弯矩图如图 2.25(c)所示。

应用案例 2-4 已知图 2.26(a)所示简支梁，在跨中 C 截面承受集中力 F 作用，试用方程法绘梁的内力图。

解 (1)求支座反力。

由梁的整体平衡方程 $\sum M_B = 0$，有 $Fb - F_{AY} \times l = 0$，得 $F_{AY} = Fb/l$(kN)

由 $\sum F_Y = 0$，有 $F_{BY} + F_{AY} = F$，得 $F_{BY} = Fa/l$(kN)

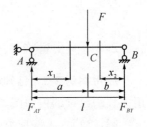

(a)

(2)写内力方程。

以轴线为 x 坐标轴，由于有集中力作用，C 截面两侧内力方程不同，应分段写出。

AC 段，取 AC 向为正方向，用 x_1 表示任意截面：

$$V(x_1) = F_{AY} = Fb/l \quad (0 < x < a)$$

$$M(x_1) = F_{AY}x_1 = Fbx_1/l \quad (0 < x < a)$$

CB 段，取 BC 向为正方向，用 x_2 表示任意截面：

$$V(x_2) = -F_{BY} = -Fa/l \quad (0 < x < b)$$

$$M(x_2) = F_{BY}x_2 = Fax_2/l \quad (0 < x < b)$$

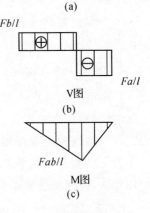

(3)由内力方程绘内力图。

由内力方程可知剪力图为定值，因此，绘剪力图时只需定出一个截面的内力值，然后推轴线的平行线即可。注意两侧数值不同。剪力图如图 2.26(b)所示。

图 2.26 应用案例 2-4 图

由内力方程可知弯矩图呈直线变化规律，因此，绘弯矩图时只需定出两截面的内力值，连成直线即可。

左侧 当 $x_1 \to 0$ 时，$M_{AB} = 0$

当 $x_1 \to a$ 时，$M_{AB} = Fba/l$(下部受拉)

右侧 当 $x_2 \to 0$ 时，$M_{BA} = 0$

当 $x_2 \to b$ 时，$M_{BA} = Fab/l$(下部受拉)

弯矩图如图 2.26(c)所示。

应用案例 2-5 已知图 2.27(a)所示简支梁，在梁上作用有图示荷载，试绘出梁的内力图。

解　(1)求支座反力。

取 AB 梁为研究对象,由整体平衡方程 $\sum M_B = 0$,有 $10 \times 2 \times 3 + 16 \times 2 - F_{AY} \times 4 = 0$,$F_{AY} = 23$(kN)

由 $\sum F_Y = 0$,有 $F_{BY} + F_{AY} - 16 - 10 \times 2 = 0$,有 $F_{BY} = 13$(kN)

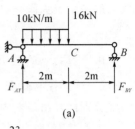

(a)

(2)选择控制截面,根据控制截面的概念,有 A 右、C 左、C 右、B 左四个截面。

利用直接计算法,选择受力简单的一侧,分别计算出各控制截面的截面内力,如下:

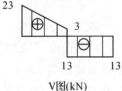

V图(kN)

(b)

A 右截面,取 A 右截面左侧梁计算:

$$V_{A右} = 23(\text{kN}) \qquad M_{A右} = 0$$

C 左截面,取 C 左截面左侧梁计算:

$$V_{C左} = 23 - 10 \times 2 = 3(\text{kN})$$

$$M_{C左} = 23 \times 2 - 10 \times 2 \times 1 = 26(\text{kN} \cdot \text{m})(\text{下拉})$$

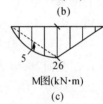

M图(kN·m)

(c)

C 右截面,取 C 右截面右侧梁计算:

$$V_{C右} = -13(\text{kN})$$

$$M_{C右} = 13 \times 2 = 26(\text{kN} \cdot \text{m})(\text{下拉})$$

图 2.27　应用案例 2-5 图

由于 C 截面是集中力作用点,也可只计算一侧弯矩。

B 左截面,取 B 左截面右侧梁计算:

$$V_{B左} = -13(\text{kN}) \qquad M_{B左} = 0$$

(3)分段绘梁的内力图。

将各截面内力值垂直梁轴线画到图上,绘剪力图时,正值在上,负值在下,图上标出符号;绘弯矩图时,画在受拉侧,不标符号。如图 2.27(b)和(c)所示。

绘剪力图时,AC 段作用有均布荷载,剪力图呈线性规律,直接将两端值相连即可;BC 段无均布荷载,即空段,剪力图为轴线的平行线,过任一端点值推轴线的平行线即可,如图 2.27(b)所示。

绘弯矩图时,AC 段作用有均布荷载,弯矩图呈二次抛物线规律,用叠加法,将两端值连成虚线,在跨中沿荷载方向(向下)叠加 $ql^2/8$ 即可;BC 段无均布荷载,即空段,弯矩图为线性规律,直接将两端值相连即可,如图 2.27(c)所示。

应用案例 2-6　已知图 2.28(a)所示伸臂梁,在梁上作用有如图荷载,试绘出梁的内力图。

解 （1）求支座反力。

取 AD 梁为研究对象，由梁的整体平衡方程 $\sum M_B = 0$，有 $5 \times 2 \times 3 - 2 - F_{AY} \times 4 - 10 \times 2 = 0$，$F_{AY} = 2(\text{kN})$

由 $\sum F_Y = 0$，有 $F_{BY} + F_{AY} - 10 - 5 \times 2 = 0$，有 $F_{BY} = 18(\text{kN})$

（2）选择控制截面，有 A 右、C、B 左、B 右、D 左五个截面。

分别计算出截面内力，如下：

A 右截面，取 A 右截面左侧梁计算：

$V_{A右} = 2(\text{kN})$ $\qquad M_{A右} = 2(\text{下拉})$

C 截面既无集中力，也无集中力偶，取一个截面即可，由于右侧受力简单，取 C 右截面右侧梁计算：

$V_C = 10 - 18 = -8(\text{kN})$

$M_C = 18 \times 2 - 10 \times 4 = -4(\text{kN} \cdot \text{m})(\text{上拉})$

B 左截面，取 B 左截面右侧梁计算：

$V_{B左} = 10 - 18 = -8(\text{kN})$

$M_{B左} = -10 \times 2 = -20(\text{kN} \cdot \text{m})(\text{上拉})$

B 右截面，取 B 右截面右侧梁计算：

$V_{B右} = 10(\text{kN})$

$M_{B右} = -10 \times 2 = -20(\text{kN} \cdot \text{m})(\text{上拉})$

D 左截面，取 D 左截面右侧梁计算：

$V_{D左} = 10(\text{kN})$

$M_{D左} = 0$

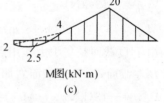

图 2.28 应用案例 2-6 图

（3）分段绘梁的内力图。

将各截面内力值垂直梁轴线的平行线画到图上，如图 2.28(b) 和 (c) 所示。

绘剪力图时，AC 段作用有均布荷载，剪力图呈线性规律，直接将两端值相连即可；BC、BD 段无均布荷载，即空段，剪力图为轴线的平行线，过任一端点值推轴线的平行线即可，如图 2.28(b) 所示。

2.2.2 静定多跨梁内力图

应用案例 2-7 已知图 2.29(a) 所示静定多跨梁，在梁上作用有如图荷载，试绘出静定多跨梁的内力图。

（1）对多跨静定进行受力层次分析，层次分析图如图 2.29(b) 所示。

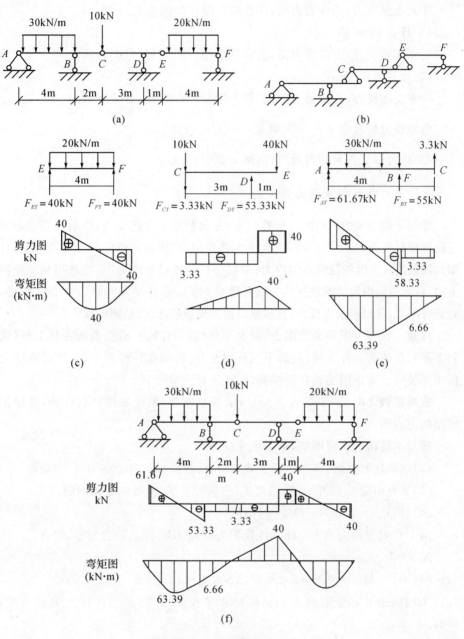

图 2.29 应用案例 2-7 图

（2）根据层次分析图确定计算原则，先计算 *EF* 梁；再计算 *CDE* 梁；最后计算 *ABC* 梁。

（3）计算 *EF* 梁绘制内力图：

①求支座反力;②作剪力图;③作弯矩图。如图 2.29(c)所示。

(4)计算 *CDE* 梁:

①求支座反力;②作剪力图;③作弯矩图。如图 2.29(d)所示。

(5)计算 *ABC* 梁:

①求支座反力;②作剪力图;③作弯矩图。如图 2.29(e)所示。

弯矩极值位置由 $x = \dfrac{F_{AY}}{q}$ 确定,$x = 2.06(\mathrm{m})$

(6)组合以上各梁的内力图,如图 2.29(f)所示。

2.2.3 平面刚架内力图

绘制平面刚架的内力图一般有三步:先求解刚架支座反力;然后根据受力情况选择控制截面(集中力作用点、集中力偶作用点、均布荷载的起点和终点、各杆端),用截面法求出各控制截面内力;最后分杆分段绘制内力图(宜选用从支座向上边、从两边向中间的顺序作),一般有弯矩 M 图、剪力 V 图和轴力 N 图。同样,对悬臂刚架,可以不求支反力,直接从自由端向内部求解、绘图即可。

注意 在剪力图和轴力图上,对水平杆(或斜杆),一般正值画在杆上侧(或斜上侧),负值画在杆下侧(或斜下侧);对竖杆,可画在杆件任一侧;均需在图上标出正负号。弯矩图要画在受拉侧,图上不标正负号。

应用案例 2-8 已知图 2.30(a)所示悬臂刚架,承受如图荷载作用,试绘出刚架的内力图。

解 本结构为悬臂刚架,不需求支反力。

(1)选取控制截面:即 *AB* 杆上的 *A*、*B* 两截面;*BC* 杆上的 *B*、*C* 两截面。

(2)从自由端 *C* 点开始,用截面法(直接计算法)求各控制截面的内力。

BC 杆:$V_{CB} = 20(\mathrm{kN})$ $V_{BC} = 20(\mathrm{kN})$

由于 *C* 处竖向力沿 *BC* 杆轴线投影为零,故 *BC* 杆上轴力为零,即有:

$N_{CB} = 0$ $N_{BC} = 0$

$M_{CB} = 0$ $M_{BC} = -20 \times 3 = -60(\mathrm{kN})(上拉)$

AB 杆:由于 *C* 处竖向力沿 *AB* 杆水平投影为零,故 *AB* 杆上剪力为零,即有:

$V_{BA} = 0$ $V_{AB} = 0$

$N_{BA} = -20$ $N_{AB} = -20$

$M_{BA} = -20 \times 3 = -60(\mathrm{kN})(左拉)$ $M_{AB} = -60(\mathrm{kN})(左拉)$

注意 *B* 点为两杆刚节点,如果刚节点上无集中力偶,弯矩图应画在杆件同侧,

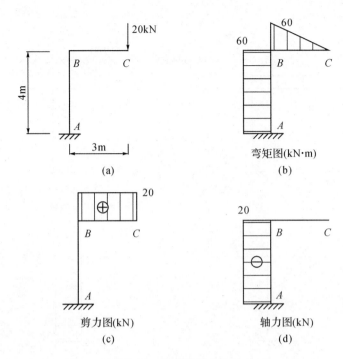

图 2.30　应用案例 2-8 图

数值相等。如本例中均画在杆外侧。教学中让学生思考原因。

应用案例 2-9　已知图 2.31(a)所示悬臂刚架,承受如图荷载作用,试绘出刚架的内力图。

解　由于结构为悬臂刚架,不需求支反力。

(1)选取控制截面:即 AB 杆上的 A、B 两截面;BC 杆上的 B、C 两截面;BD 杆上的 B、D 两截面。

(2)用截面法(直接计算法)求各控制截面的内力。

AB 杆:$V_{AB}=0$　　$V_{BA}=-20\times3=-60(kN)$

$N_{AB}=0$　　$N_{BA}=0$

$M_{AB}=0$　　$M_{BA}=-20\times3\times1.5=-90(kN)$(上拉)

BC 杆:$V_{CB}=0$　　$V_{BC}=40(kN)$

$N_{CB}=0$　　$N_{BC}=0$

$M_{CB}=0$　　$M_{BC}=-40\times3=-120(kN)$(上拉)

BD 杆:$V_{BD}=0$　　$V_{DB}=0$

$N_{BD}=-20\times3-40=-100(kN)$　　$N_{DB}=-20\times3-40=-100(kN)$

$M_{BD}=20\times3\times1.5-40\times3=-30(kN)$(左拉)

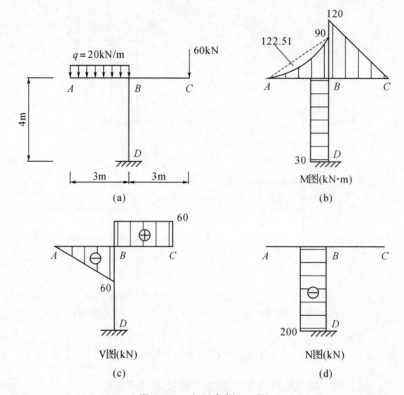

图 2.31 应用案例 2-9 图

$M_{DB} = 20 \times 3 \times 1.5 - 40 \times 3 = -30(kN)(左拉)$

应用案例 2-10 已知图 2.32(a)所示刚架,承受如图荷载作用,试绘出刚架的内力图。

解 (1)求支反力。

由 $\sum F_X = 0$,有 $F_{AX} - 0.5 \times 4 - 2 = 0$,$F_{AX} = 4(kN)(\leftarrow)$

由 $\sum M_A = 0$,有 $F_{BY} \times 4 - 0.5 \times 4 \times 2 - 2 \times 5 = 0$,$F_{BY} = 3.5(kN)(\uparrow)$

由 $\sum F_Y = 0$,有 $F_{AY} + F_{BY} = 0$,$F_{AY} = -3.5(kN)(\downarrow)$

(2)选取控制截面,用截面法(直接计算法)求各控制截面的内力。控制截面有:AB 杆上的 A、B 两截面;BC 杆上的 B、C 两截面;BD 杆上的 B、D 两截面。

AB 杆:$V_{AB} = 4(kN)$ $V_{BA} = 4 - 0.5 \times 4 = 2(kN)$

$N_{AB} = 3.5(kN)$ $N_{BA} = 3.5(kN)$

$M_{AB} = 0$ $M_{BA} = 4 \times 4 - 0.5 \times 4 \times 2 = 12(kN)(右拉)$

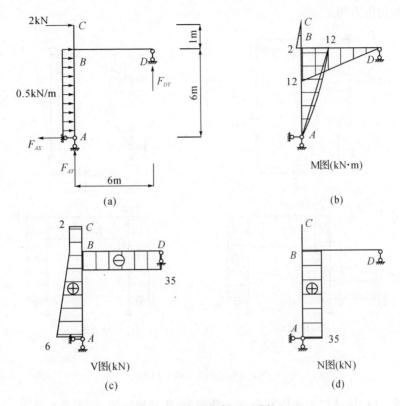

图 2.32　应用案例 2-10 图

BC 杆：$V_{CB}=2(kN)$　　　$V_{BC}=2(kN)$

$N_{CB}=0$　　　$N_{BC}=0$

$M_{CB}=0$　　　$M_{BC}=2\times1=2(kN)$（左拉）

BD 杆：$V_{DB}=-3.5(kN)$　　　$V_{BD}=-3.5(kN)$

$N_{DB}=0$　　　$N_{BD}=0$

$M_{DB}=0$　　　$M_{BD}=3.5\times4=14(kN)$（下拉）

（3）分杆分段作刚架的 M 图、V 图和 N 图。

AB 杆为均布荷载段：M 图应为抛物线，可按叠加法作；V 图应为斜直线；N 图应为直线。

BC、BD 杆为空载段：M 图应为斜直线；V 图应为轴线的平行线；N 图应为直线。

将各控制截面的内力值垂直于杆轴线的平行线画到图上，并结合上述规律，可做出刚架的 M 图、V 图和 N 图，如图 2.32（b）、（c）和（d）所示。

应用案例 2-11　已知图 2.33(a)所示三铰刚架，承受如图荷载作用，试绘出该刚架的内力图。

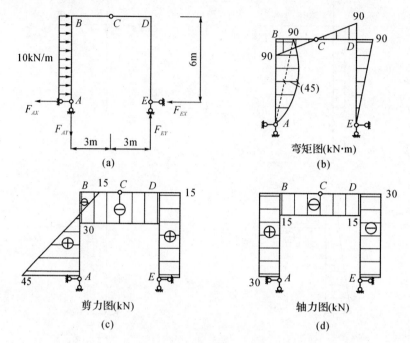

图 2.33 应用案例 2-11 图

解 （1）该结构为底脚等高的三铰刚架，非悬臂刚架，应先求支反力。

取整体为研究对象，由 $\sum M_A = 0$，有 $F_{EY} \times 6 - 10 \times 6 \times 3 = 0$，$F_{EY} = 30(\text{kN})(\uparrow)$

由 $\sum F_Y = 0$，有 $F_{EY} - F_{AY} = 0$，得 $F_{AY} = 30(\text{kN})(\downarrow)$

取 CDE 为研究对象，由 $\sum M_C = 0$，有 $F_{EY} \times 3 - F_{EX} \times 6 = 0$，$F_{EX} = 15(\text{kN})(\leftarrow)$

再取整体为研究对象，由 $\sum F_X = 0$，有 $F_{AX} - 10 \times 6 + F_{EX} = 0$，$F_{AX} = 45(\text{kN})(\leftarrow)$

（2）选取控制截面，用截面法（直接计算法）求各控制截面的内力。控制截面有：AB 杆上的 A、B 两截面；BD 段上的 B、D 两截面；ED 杆上的 E、D 两截面。

AB 杆：$V_{AB} = 45(\text{kN})$　　$V_{BA} = 45 - 10 \times 6 = -15(\text{kN})$

$N_{AB} = 30(\text{kN})$　　$N_{BA} = 30(\text{kN})$

$M_{AB} = 0$　　$M_{BA} = 45 \times 6 - 10 \times 6 \times 3 = 90(\text{kN})(\text{右拉})$

ED 杆:$V_{ED}=15(\text{kN})$ $V_{DE}=15(\text{kN})$

$N_{ED}=-30(\text{kN})$ $N_{DE}=-30(\text{kN})$

$M_{ED}=0$ $M_{DE}=15\times6=90(\text{kN})(右拉)$

BD 段:$V_{DB}=-30(\text{kN})$ $V_{BD}=-30(\text{kN})$

$N_{DB}=-15(\text{kN})$ $N_{BD}=45-60=-15(\text{kN})$

$M_{DB}=15\times6=90(\text{kN})(上拉)$

$M_{BD}=-10\times6\times3+45\times6=90(\text{kN})(下拉)$

(3)分杆分段作刚架的 M 图、V 图和 N 图。

AB 杆为均布荷载段:M 图应为抛物线,可按叠加法作;V 图应为斜直线;N 图应为直线。

BD、ED 杆为空载段:M 图应为斜直线;V 图应为轴线的平行线;N 图应为直线。

将各控制截面的内力值垂直于杆轴线的平行线画到图上,并结合上述规律,可做出刚架的 M 图、V 图和 N 图,如图 2.33(b)、(c)、(d)所示。

应用案例 2-12 已知图 2.34(a)所示三铰刚架,承受如图荷载作用,试绘出该刚架的内力图。

解 (1)求支反力。

取整体为研究对象,由 $\sum M_A=0$,有 $F_{EY}\times6-F_{EX}\times3-10\times6\times3=0$

取 CDE 为研究对象,由 $\sum M_C=0$,有 $F_{EY}\times3+F_{EX}\times3=0$

得 $F_{EY}=20(\text{kN})(上拉)$ $F_{EX}=-20(\text{kN})(左拉)$

再取整体为研究对象,由 $\sum F_X=0$,有 $F_{AX}-10\times6-F_{EX}=0,F_{AX}=40(\text{kN})(左拉)$

由 $\sum F_Y=0$,有 $F_{AY}+F_{EY}=0,F_{AY}=-20(\text{kN})(下拉)$

(2)选取控制截面,用截面法(直接计算法)求各控制截面的内力。控制截面有:AB 杆上的 A、B 两截面;BD 杆上的 B、D 两截面;ED 杆上的 E、D 两截面。

AB 杆:$V_{AB}=40(\text{kN})$ $V_{BA}=40-10\times6=-20(\text{kN})$

$N_{AB}=20(\text{kN})$ $N_{BA}=20(\text{kN})$

$M_{AB}=0$ $M_{BA}=40\times6-10\times6\times3=60(\text{kN})(右拉)$

ED 杆:$V_{ED}=20(\text{kN})$ $V_{DE}=20(\text{kN})$

$N_{ED}=-20(\text{kN})$ $N_{DE}=-20(\text{kN})$

$M_{ED}=0$ $M_{DE}=20\times3=60(\text{kN})(右拉)$

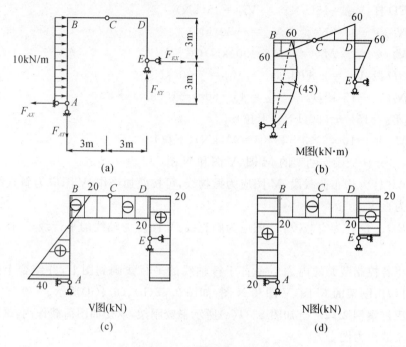

图 2.34　应用案例 2-12 图

BD 杆：$V_{DB}=-20(\mathrm{kN})$　　　$V_{BD}=-20(\mathrm{kN})$

$N_{DB}=-20(\mathrm{kN})$　　　$N_{BD}=-20(\mathrm{kN})$

$M_{DB}=20\times3=60(\mathrm{kN})$（右拉）　　　$M_{BD}=-20\times3+20\times6=60(\mathrm{kN})$（下拉）

（3）分杆分段作刚架的 M 图、V 图和 N 图。

AB 杆为均布荷载段：M 图应为抛物线，可按叠加法作；V 图应为斜直线；N 图应为直线。

BD、ED 杆为空载段：M 图应为斜直线；V 图应为轴线的平行线；N 图应为直线。

将各控制截面的内力值垂直于杆轴线的平行线画到图上，并结合上述规律，可做出刚架的 M 图、V 图和 N 图，如图 2.34(b)、(c)、(d)所示。

2.3　用叠加法画弯矩图教学

力学在建筑类职业技术学院中是十分重要的课程。在教学中，很有必要的是如何教会学生用什么样的方法去分析问题和解决问题，培养学生分析工程问题和解决工程问题的能力,为从业打下坚实的基础。要想达到上述目的,必须结合整合后的课程内容和一体化教学的优势,在教学中建立一种行之有效的分析问题和解决问题的方法,即叠加法。

叠加法是建立在叠加原理基础上的一种分析与综合的方法。叠加原理是结构构件在弹性范围内,荷载作用所产生的效应与荷载呈线性变化,即多个荷载同时作用所产生的效应等于各个荷载单独作用所产生的效应之和。这样,在分析问题和解决问题上,是把复杂的研究问题,分解为若干个简单问题,在分析的基础上分别解决各个简单问题,然后将各个简单问题统一到复杂的研究问题上来,使复杂问题得到解决。叠加法就像一根主线贯穿着土木工程实用力学。

2.3.1   叠加法在外力分析与计算中的应用

1.平面任意力系的平衡条件和平衡方程

在外力分析与计算教学中,其重点是平面力系的简化、平衡条件和平衡方程的应用。教学过程首先从平面汇交力系开始,接着是平面力偶系,然后是平面一般力系。平面一般力系相对平面汇交力系和平面力偶系就是复杂的力系在前两个简单力系的研究基础上可以用叠加的方法,分析解决平面一般力系的问题。如图 2.35 所示。

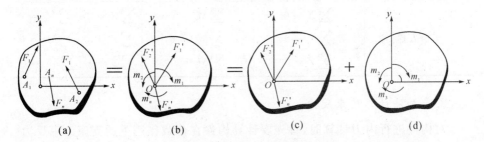

图 2.35   平面一般力系简化图

在图 2.35 中,将平面一般力系图(a),向任一点简化得到图(b),将简化的结果图(b)分解成已知的平面汇交力系图(c)和平面力偶系图(d),图(c)、(d)的简化结果以及平衡条件和平衡方程在前边得到了解决,平面任意力系的问题,就是平面汇交力系和平面力偶系的叠加,其平面任意力系叠加法如表 2.1 所示。

表 2.1 平面任意力系叠加法

平面力系 研究内容	平面汇交力系	平面力偶系	平面任意力系
简化结果	F	M	F, M
平衡条件	$F=0$	$M=0$	$F=0, M=0$
平衡方程	$\sum F = 0$ $\sum F = 0$	$\sum M = 0$	$\sum X = 0$ $\sum Y = 0$ $\sum M_0(F)$

空间任意力系的问题同样可以采用叠加法,其空间任意力系叠加法如表 2.2 所示。

表 2.2 空间任意力系叠加法

空间力系 研究内容	空间汇交力系	空间力偶系	空间任意力系	
简化结果	F	M	F, M	
平衡条件	$F=0$	$M=0$	$F=0, M=0$	
平衡方程	$\sum X = 0$ $\sum Y = 0$ $\sum Z = 0$	$\sum M_x = 0$ $\sum M_y = 0$ $\sum M_z = 0$	$\sum X = 0$ $\sum Y = 0$ $\sum Z = 0$	$\sum M_x = 0$ $\sum M_y = 0$ $\sum M_z = 0$

2. 叠加法计算约束反力

对构件进行内力计算时,首先要计算构件在荷载作用下的支座约束反力。通常用平衡方程式求解,若用叠加法求解如图 2.36 所示,根据梁上的荷载,将荷载分解成单独作用的两种情况。简单情况的约束反力一般直接就可以确定,把两种简单情况的约束反力对应叠加就可以得到复杂情况下的约束反力。用叠加法计算约束反力不用列平衡方程式,简单、直观,便于求解。

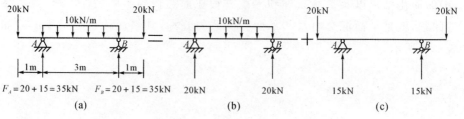

图 2.36 外伸梁叠加法求解图

2.3.2　叠加法作弯矩图

如图 2.37 所示,将作用在简支梁上的均布线荷载、集中荷载、力偶荷载分解为单独作用的三种情况。荷载单独作用下的弯矩图可直接画出。同一截面的弯矩值叠加就得到简支梁的弯矩图。

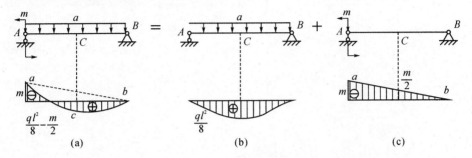

图 2.37　简支梁叠加法求解图

2.3.3　叠加法在应力分析与计算中的应用

偏心受压构件如图 2.38 所示。

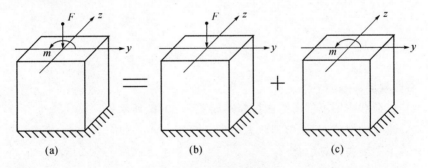

图 2.38　偏心受压构件

将偏心压力 F 向轴线平移得到一轴向压力 F 和一个力偶 M,从而引起构件轴向压缩和平面弯曲。轴向压缩和平面弯曲时构件的应力已经讲过,偏心受压构件的最大应力由叠加法可得到。

$$\sigma_{\max}^{+} = \frac{N}{A} + \frac{M}{W}$$

$$\sigma_{\min}^{-} = \frac{N}{A} - \frac{M}{W}$$

2.3.4 叠加法在变形分析与计算中的应用

如图 2.39(a)所示,计算图示结构 C 点的竖向位移。

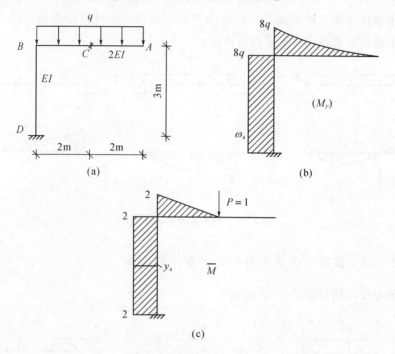

图 2.39 刚架位移计算图

解题程序:

(1)作荷载作用下的弯矩图(M_P),如图 2.39(b)所示。

(2)建立虚拟状态,作虚拟状态下的弯矩图 ($\overline{M}$),如图 2.39(c)所示。

(3)用图乘法计算位移。

由于 BC 段荷载产生的弯矩图不是标准的,需要划分成标准图形方能计算位移。通常的方法是把 BC 段荷载产生的弯矩图形分成一个梯形和一个二次标准抛物线形。

位移:

$$\Delta_C^V = \sum \int \frac{\overline{M}M_P}{EI}\mathrm{d}x = \sum \frac{\omega_P y_C}{EI} = \frac{1}{EI}(\omega_1 y_1 + \omega_2 y_2 + \omega_3 y_3) + \frac{1}{EI}\omega_4 y_4$$

$$= \frac{1}{2EI}\left(\frac{1}{2} \times 6q \times 2 \times \frac{2}{3} \times 2 + \frac{1}{2} \times 2q \times 2 \times \frac{1}{3} \times 2 + \frac{1}{3} \times 2q \times \right.$$

$$\left. 2 \times \frac{3}{4} \times 2\right) + \frac{1}{EI} \times 8q \times 3 \times 2$$

$$= \frac{161q}{3EI}(\downarrow)$$

用叠加法计算 Δ_C^V，在 $\overline{M}$ 图上应用叠加法，如图 2.40 所示。

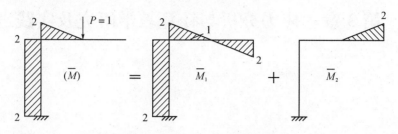

图 2.40　虚拟状态弯矩叠加图

$$\Delta_C^V = \sum \int \frac{\overline{M}M_P}{EI}dx = \sum \int \frac{(\overline{M_1} + \overline{M_2})M_P}{EI}dx$$

$$= \sum \int \frac{\overline{M_1}M_P}{EI}dx + \sum \int \frac{\overline{M_1}M_P}{EI}dx$$

$$= \sum \frac{1}{EI}\omega_{P1}y_{C1} + \sum \frac{1}{EI}\omega_{P2}y_{C2}$$

$$= \frac{1}{2EI}\left(\frac{1}{3} \times 8q \times 4 \times 1 + \frac{1}{3} \times 2q \times 2 \times \frac{1}{4} \times 2\right) +$$

$$\frac{1}{EI} \times 8q \times 3 \times 2$$

$$= \frac{161q}{EI}(\downarrow)$$

用叠加法求解层次清楚，简单、容易理解，避免了前两种方法，在 BC 段上复杂的计算。

综上所述，叠加法在土木工程实用力学中得到了普遍的应用，贯穿着土木工程实用力学。用叠加法分析问题和解决问题，层次清楚、简单，由已知进入未知，容易理解，便于掌握。

第3章　应力分析与计算教学研究及实践

3.1　截面几何性质量计算教学

3.1.1　截面几何性质量计算教学情境

选取钢结构作为截面几何性质量计算教学情境如图 3.1 所示。钢结构构件较小,质量轻,便于运输和安装,便于装拆和扩建,适用于跨度大、高度高、承载重的结构。钢材具有材质均匀、质量稳定、可靠度高,强度高、塑性和韧性好、抗冲击和抗振动能力强,钢结构工业化程度高、工厂制造、工地安装、加工精度高、制造周期短、生产效率高、建造速度快和钢结构抗震性能好等优点。钢结构的在大跨度结构、高层建筑、轻钢结构、特种结构和水工钢闸门等得到了广泛应用。

图 3.1　钢结构现场

钢结构质量轻不仅仅是强度和弹性模量高,还与钢结构构件选用截面几何形状有关,教学中应引导学生对不同截面形状与承载力有较好的认识,认真学习、熟练掌握截面几何性质量计算方法,为应力分析与计算学习打好基础。

3.1.2　教学内容

1. 重心和形心

组成物体的各质点都受到地球的引力,这些引力的合力就是物体的重力,合力的作用点称为物体的重心。

对于均质物体来说,重心的位置完全取决于物体的几何形状,而与物体的重量无关。这时物体的重心也称为形心。形心即均质物体的几何中心。

（1）重心坐标公式

为确定一般物体的重心坐标,将物体分割成 n 个微小块,各微小块的重力分别为 $G_1,G_2,\cdots,G_n$,其作用点的坐标分别为 $(x_1,y_1,z_1),(x_2,y_2,z_2),\cdots,(x_n,y_n,z_n)$,各微小块所受的重力的合力即为整个物体的重力 G,其作用点的坐标为 $C(x_c,y_c,z_c)$。如图 3.2 所示。

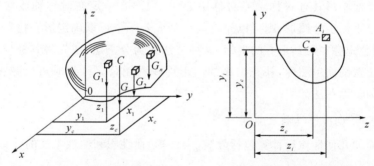

图 3.2　一般物体的重心　　　　图 3.3　平面图形的形心

由于 $G=\sum G_i$,应用合力矩定理可得:

$$G \cdot x_c = \sum G_i x_i, G \cdot y_c = \sum G_i y_i, G \cdot z_c = \sum G_i z_i$$

则有:

$$x_c = \frac{\sum G_i x_i}{G}, y_c = \frac{\sum G_i y_i}{G}, z_c = \frac{\sum G_i z_i}{G}$$

上式即一般物体的重心坐标公式。

（2）形心坐标公式

对均质物体,用体积 V 代替重心坐标公式中的 G,即可得到形心坐标公式:

$$x_c = \frac{\sum V_i x_i}{V}, y_c = \frac{\sum V_i y_i}{V}, z_c = \frac{\sum V_i z_i}{V}$$

对于平面图形,如图 3.3 所示,用面积 A 代替重心坐标公式中的 G,即可得到形心坐标公式:

$$y_c = \frac{\sum A_i y_i}{A}, z_c = \frac{\sum A_i z_i}{A}$$

(3)平面组合图形的形心计算

组成建筑物的构件,其截面形状大多为简单图形,如圆形、方形、矩形,或几个简单图形的组合,如 T 形、工字形、槽形等,如图 3.4 所示。

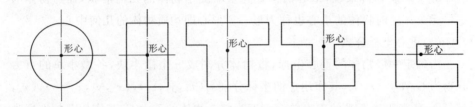

图 3.4 构件截面形状

当平面图形具有对称轴或对称中心时,则形心一定在对称轴或对称中心上。对于平面组合图形,则可以先将其分割成若干个可以确定形心位置的简单图形,用公式叠加得其形心的坐标,这种方法称为分割法;或先将其补成可以确定形心位置的简单图形,补充出来的图形面积在用公式计算时可以减去,这种方法称为负面积法。

2.截面的几何性质量计算

截面的几何性质量计算包括静矩、惯性矩、惯性积和惯性半径的计算。

(1)静矩

任意平面图形上的微面积 dA 与其到某一坐标轴的距离 y(或 z)的乘积的总和,称为该平面图形对该轴的静矩,一般用 S_z(或 S_y)来表示。如图 3.5 所示。有:

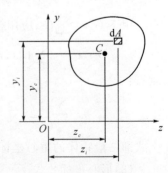

图 3.5 平面图形的静矩

$$S_z = \int_A y \, dA, S_y = \int_A z \, dA$$

静矩为代数量,可为正,可为负,也可为零,单位为 m^3 或 mm^3。

教学中应重点提示若平面图形对某一轴的静

矩等于零,则该轴必然通过图形的形心;反之,若某一轴通过图形的形心,则图形对该轴的静矩等于零。

(2)惯性矩

任意平面图形上的微面积 dA 与其到某一坐标轴的距离 y(或 z)的平方的乘积的总和,称为该平面图形对该轴的惯性矩,一般用 I_z(或 I_y)来表示。如图 3.6 所示。有:

$$I_z = \int_A y^2 \mathrm{d}A, I_y = \int_A z^2 \mathrm{d}A$$

惯性矩恒为正值,单位为 m^4 或 mm^4。

简单图形对形心轴的惯性矩计算公式:

图 3.7(a)矩形　　　$I_z = \dfrac{bh^3}{12}, I_y = \dfrac{hb^3}{12}$

图 3.7(b)圆形　　　$I_z = I_y = \dfrac{\pi d^4}{64}$

图 3.7(c)圆环　　　$I_z = I_y = \dfrac{\pi(D^4 - d^4)}{64}$

图 3.6　平面图形的惯性矩

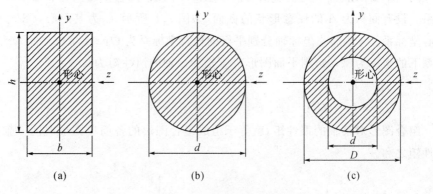

(a)　　　　　　　(b)　　　　　　　(c)

图 3.7　简单图形的形心轴

(3)惯性积

任意平面图形上的微面积 dA 与其到 y、z 两坐标轴的距离 z 和 y 的乘积的总和,称为该平面图形对该 y、z 两轴的惯性积,一般用 I_{xy} 来表示。有:

$$I_{zy} = \int_A zy \mathrm{d}A$$

惯性积可为正,可为负,也可为零,单位为 m^4 或 mm^4。

(4)惯性半径

在工程中,为了计算方便,将图形的惯性矩表示为图形面积与某一长度平方的乘积,即:

$$I_z = i_z^2 A, I_y = i_y^2 A$$

或:$i_z = \sqrt{\dfrac{I_z}{A}}, i_y = \sqrt{\dfrac{I_y}{A}}$

公式中的长度 i_z、i_y 就是平面图形对 y、z 轴的惯性半径,单位为 m 或 mm。简单图形的惯性半径计算公式:

矩形　　$i_z = \sqrt{\dfrac{I_z}{A}} = \sqrt{\dfrac{\frac{bh^3}{12}}{bh}} = \dfrac{h}{\sqrt{12}}, i_y = \sqrt{\dfrac{I_y}{A}} = \sqrt{\dfrac{\frac{hb^3}{12}}{bh}} = \dfrac{b}{\sqrt{12}}$

圆形　　$i = \sqrt{\dfrac{I}{A}} = \sqrt{\dfrac{\frac{\pi d^4}{64}}{\frac{\pi d^2}{4}}} = \dfrac{d}{4}$

(5)平行移轴公式

同一平面图形对不同坐标轴的惯性矩是不同的,但它们之间存在着一定的关系。设有面积为 A 的任意形状的截面,如图 3.8 所示,C 为其形心,$Cy_c z_c$ 为形心坐标系。与该形心坐标轴分别平行的任意坐标系为 Oyz,形心 C 在 Oyz 坐标系下的坐标为(a,b),则平面图形对 y 轴和 z 轴的惯性矩为:

$$I_z = I_{z_c} + a^2 A$$
$$I_y = I_{y_c} + b^2 A$$

组合图形对某轴的惯性矩,就等于组成组合图形的各简单图形对同一轴的惯性矩之和。

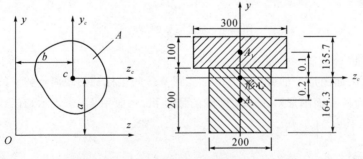

图 3.8　平行移轴

型钢截面的几何性质量可从型钢表中直接查取。

3.1.3 教学应用案例

应用案例 3-1 试求图 3.9（a）所示 T 形截面的形心坐标。

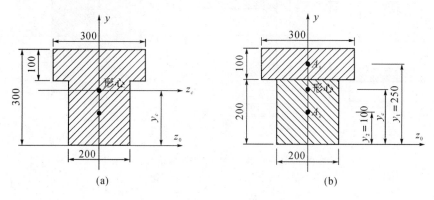

图 3.9 应用案例 3-1 图（单位：mm）

解 将 T 形截面分割成 2 个矩形，如图 3.9(b)所示，其面积分别是：

$$A_1 = 300 \times 100 = 30000 (\text{mm}^2)$$

$$A_2 = 200 \times 200 = 40000 (\text{mm}^2)$$

以 T 形下底为相对坐标轴 Z_0 轴，则 2 个矩形的形心 y 坐标为：

$$y_1 = 250 (\text{mm}), y_2 = 100 (\text{mm})$$

以 T 形对称轴为相对坐标轴 y_0 轴，则 2 个矩形的形心 z 坐标为：

$$z_1 = 0, z_2 = 0$$

由公式(5-1)，可求得 T 形截面的形心坐标为：

$$y_c = \frac{\sum A_i y_i}{A} = \frac{A_1 y_1 + A_2 y_2}{A_1 + A_2}$$

$$= \frac{30000 \times 250 + 40000 \times 100}{30000 + 40000} = 164.3 (\text{mm})$$

$$Z_c = \frac{\sum A_i z_i}{A} = 0$$

应用案例 3-2 试求图 3.10(a)所示槽形截面的形心坐标。

解 (1)分割法：将槽形截面分割成三个矩形，如图 3.10(b)所示，其面积分别是：

$$A_1 = 40 \times 240 = 9600 (\text{mm}^2)$$

$$A_2 = A_3 = 200 \times 40 = 8000 (\text{mm}^2)$$

其形心坐标为：

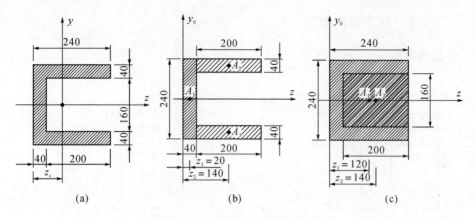

图 3.10 应用案例 3-2 图(单位:mm)

$z_1 = 20\text{mm}, z_2 = z_3 = 140\text{mm}$

由公式(5-1),可求得 T 形截面的形心坐标为:

$$z_c = \frac{\sum A_i z_i}{A} = \frac{A_1 z_1 + A_2 z_2 + A_3 z_3}{A_1 + A_2 + A_3}$$

$$= \frac{9600 \times 20 + 8000 \times 140 \times 2}{9600 + 8000 \times 2} = 95(\text{mm})$$

(2)负面积法:将槽形截面补成一个大矩形,其面积为 A_1,减去所补的小矩形,面积为 A_2,如图 3.10(c)所示,则:

$$A_1 = 240 \times 240 = 57600(\text{mm}^2)$$

$$A_2 = 200 \times 160 = 32000(\text{mm}^2)$$

以槽形左侧为相对坐标轴 y_0 轴,则 2 个矩形的形心 z 坐标为:

$$z_1 = 120\text{mm}, z_2 = 140\text{mm}, S_z = \int_A y \mathrm{d}A, S_y = \int_A z \mathrm{d}A$$

由截面形心公式,可求得 T 形截面的形心坐标为:

$$z_c = \frac{\sum A_i z_i}{A} = \frac{A_1 z_1 - A_2 z_2}{A_1 - A_2} = \frac{57600 \times 120 - 32000 \times 140}{57600 - 32000} = 95(\text{mm})$$

应用案例 3-3 试求图 3.11 (a)所示 T 形截面对 y 轴和 z 轴的静矩。

解 将 T 形截面分割成两个矩形,如图 3.11(b)所示,其面积分别为:

$$A_1 = 100 \times 200 = 20000(\text{mm}^2)$$

$$A_2 = 400 \times 100 = 40000(\text{mm}^2)$$

两个矩形的形心 y 坐标为:

$$y_{c1} = 200\text{mm}, y_{c2} = 50\text{mm}$$

由静矩公式,可求得 T 形截面对 y 轴和 z 轴的静矩为:

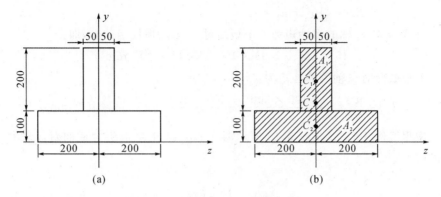

图 3.11 应用案例 3-3 图(单位:mm)

$$S_z = \sum A_i \cdot y_{ci} = 20000 \times 200 + 40000 \times 50 = 6 \times 10^6 \, (\text{mm}^3)$$

$$S_y = \sum A_i \cdot z_{ci} = 0$$

应用案例 3-4 试求图 3.12 所示 T 形截面对 y 轴和 z_c 轴的惯性矩。

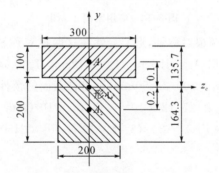

图 3.12 应用案例 3-4 图(单位:mm)

解 图 3.12 在应用案例 3-1 中已经计算出了形心的位置,将 T 形截面分割成两个矩形,矩形 1 对 z_c 轴的惯性矩为它对自己的形心轴惯性矩 I_{zc1} 加上其面积与两轴距离 a_1 平方的乘积,其中 $a_1 = 135.7 - 50$,即:

$$I_{zc} = I_{zc1} + a_1^2 A_1 = \frac{300 \times 100^3}{12} + 300 \times 100 \times (135.7 - 50)^2$$

$$= 2.45 \times 10^8 \, (\text{mm}^4)$$

同理,矩形 2 对 z_c 轴的惯性矩为它对自己的形心轴惯性矩 I_{zc2} 加上其面积与两轴距离 a_2 平方的乘积,其中 $a_2 = 164.3 - 100$,即:

$$I_{zc} = I_{zc2} + a_2^2 A_2 = \frac{200 \times 200^3}{12} + 200 \times 200 \times (164.3 - 100)^2$$

$$= 2.99 \times 10^8 (\mathrm{mm}^4)$$

则 T 形截面对 z_c 轴的惯性矩为 2 个矩形对 z_c 轴的惯性矩的和，即：

$$I_{zc} = 2.45 \times 10^8 + 2.99 \times 10^8 = 5.44 \times 10^8 (\mathrm{mm}^4)$$

T 形截面对 y 轴的惯性矩为：

$$I_y = \sum I_{yc} = \frac{100 \times 300^3}{12} + \frac{200 \times 200^3}{12} = 3.58 \times 10^8 (\mathrm{mm}^4)$$

应用案例 3-5 试求图 3.13 所示两个 No.14 工字形组合截面对 y 轴和 z 轴的惯性矩。

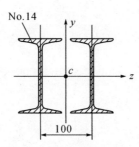

图 3.13　应用案例 3-5 图

解 组合截面有两根对称轴，形心 c 就在这两根对称轴的交点。有型钢表查得每根工字钢的面积 $A = 21.5\mathrm{cm}^2$，$I_{zc} = 712\mathrm{cm}^4$，$I_{yc} = 64.4\mathrm{cm}^4$，单根工字钢的形心到 y 轴的距离 $a = 100/2 = 50\mathrm{mm}$，则组合截面的惯性矩为：

$$I_z = 2I_{zc} = 2 \times 7.12 \times 10^6 = 14.24 \times 10^6 (\mathrm{mm}^4)$$

$$I_y = 2(I_{yc} + a^2 A) = 2 \times (6.44 \times 10^5 + 50^2 \times 2150) = 1.2 \times 10^7 (\mathrm{mm}^4)$$

3.2　基本变形应力分析与计算教学

3.2.1　应力分析与计算教学情境

选取钢构件的吊装作为应力分析与计算教学情境如图 3.14 所示。

图 3.14 是正在吊装作业的钢梁，钢梁采用两点起吊以保证钢梁平稳就位，起吊前不仅要确定钢梁重心，而且还要对钢梁进行应力分析与计算，以确定吊点处钢梁截面应力大还是钢梁其他截面应力大以及钢梁哪个截面最危险？因此，应力分析与计算知识对土木工程承载力计算起着重要的基础性作用，应引导学生重视本内容的学习，提高能力，熟练掌握应力分析与计算的本领。

图 3.14　钢构件的吊装

3.2.2　应力分析与计算教学内容

1.应力与应变的概念

（1）应力的概念

物体受力后,其内部将发生内力,即物体本身不同部分之间相互作用的力。我们前一章学过用截面法求解内力,即假想用一个截面将物体分为Ⅰ和Ⅱ两部分,将其中Ⅱ部分撤开,撤开的Ⅱ部分对留下的Ⅰ部分作用有内力。这个内力,实际上是截面上分布内力的合力,它只表示截面上总的受力情况,而无法表示截面上微面积的受力。例如,两根相同材料的轴向拉杆,如果外力相同,则内力相同;但如果截面面积不同,则随着外力的增加,截面面积小的杆件必然先行破坏。这是因为,截面面积小的杆件,内力在截面上分布的密集程度高,微面积上受到的力就大。再例如两根相同材料的梁,如果外力相同,支座情况相同,则内力相同;这时即使截面面积也相同,但如果一根为正方形,一根为矩形,则随着外力的增加,正方形梁却先行破坏。这是因为,内力在截面上虽然是连续但并不均匀分布,截面形状不同的梁,内力在截面上分布的大小却不同,所以,我们还需掌握内力在截面上的分布规律。

内力在截面上的分布集度称为应力。如图 3.14(a)所示,取截面的一小部分,面积为 ΔA,作用于 ΔA 上的内力为 ΔP,则内力的平均集度为 $\dfrac{\Delta P}{\Delta A}$,当 ΔA 无限减小而趋于一点,则 $\dfrac{\Delta P}{\Delta A}$ 的极限 p 就是该点的应力,即 $\lim\limits_{\Delta A \to 0}\dfrac{\Delta P}{\Delta A}=p$。通常应力与截面既不垂直也不相切,在力学中为了研究物体的形变和材料的强度,就把应力分解为作用于截面法线方向的正应力 σ(或法向应力)和切线方向的切应力 τ(或剪应力),如图 3.15(b)所示。

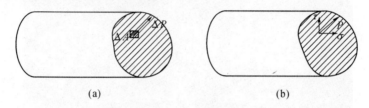

(a)   (b)

图 3.15　应力的概念

从受力构件中某一点取出一个微小的平行六面体,显然,一般情况下 3 对平面上都有应力,称为空间应力状态。如果只有两对平面存在应力,则为平面应力状态。我们来了解较为简单的平面应力状态。将此单元体置于 xy 平面内,如图 3.15 所示。将四个面上的应力 p 都分解为一个正应力 σ 和一个切应力 τ,分别与 x、y 坐标平行,以下标表示作用方向。规定正应力以离开截面为正,也称拉应力;以指向截面为负,也称压应力;图上所示的应力全是正的。规定切应力对单元体顺时针转向为正,反之为负;图中在左右两侧面上的切应力是正的,上下两面上的切应力是负的。确定了各个应力分量,就可以完全确定一点的应力状态。

应力的单位是兆帕,符号为 MPa。在工程图纸上,通常采用 mm 为长度单位,所以在计算时,一般也把力的单位转化为 N 或把力矩单位转化为 N·mm。

$$1\text{MPa}=1\text{N/mm}^2$$

也可用帕(Pa)、千帕(kPa)、吉帕(GPa)作为单位。

$$1\text{Pa}=1\text{N/m}^2$$

$$1\text{MPa}=10^{-3}\text{GPa}=10^3\text{kPa}=10^6\text{Pa}$$

(2)应变的概念

物体的形状总可以用它各部分的长度和角度来表示。所谓形变,就是形状的改变。物体的形变可以归结为长度的改变和角度的改变。为了分析物体中某点的形变,我们同样取过该点的微小单元体,如图 3.16 所示。物体变形后,各线段的单位长度的伸缩,称为线应变 ε;如图 3.17(a)中 x 方向的

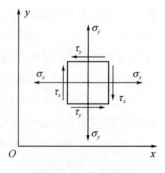

图 3.16　应力状态

长度由 l 伸长为 l'，即 $\varepsilon=(l'-l)/l$，线应变没有单位。各线段之间直角的改变，称为切应变 γ（或剪应变），如图 3.17(b)所示，切应变的单位是弧度（rad）。

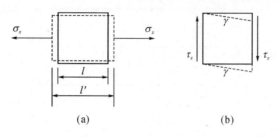

图 3.17　应变的概念

虎克定律

实验证明，当应力不超过某一极限时，应力与应变成正比，即：

$$\sigma=E\cdot\varepsilon,\ \tau=E\cdot\gamma$$

这一比例关系，是 1678 年由英国科学家虎克提出的，故称为虎克定律。式中比例常数 E 称为弹性模量，E 的数值随材料而异，单位与应力相同。

2. 轴心拉（压）构件的应力

(1) 横截面的应力

前面我们已经了解构件的应力与变形是成正比的，因此，我们可以取一根等直杆进行拉伸实验，通过观察等直杆的变形现象来了解轴心拉（压）构件的应力分布情况。如图 3.18(a)所示，在杆件表面均匀地画上若干与杆轴线平行的纵线及与轴线垂直的横线，然后在杆的两端施加一对轴向拉力 P（见图 3.18(b)）。可以观察到，所有的纵线仍保持为直线且平行，即伸长相同；所有的横线也仍保持为直线且平行，只是相对距离增大了。

根据实验的变形现象，可以得出如下假设：

①平面假设。若将各横线看作是一个横截面，则杆件横截面在拉伸变形后仍然保持为平面且与杆轴线垂直，任意两个横截面只是作相对平移。

②均匀连续。即材料是均匀连续的，横截面上各点的变形是均匀分布的。

由以上假设可知，轴心拉（压）构件的横截面上的各点的应力相等且垂直于横截面，也就是说，杆件横截面上各点只产生正应力，且大小相等（见图 3.18(c)），即：

$$\sigma=\frac{N}{A}$$

式中：N——杆件横截面上的轴力；

　　　A——杆件横截面的面积。

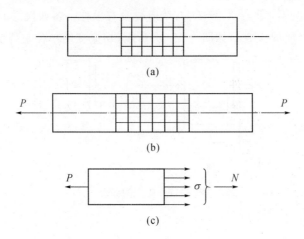

(a)

(b)

(c)

图 3.18　等直杆的拉伸实验

（2）斜截面的应力

在前面 3.2.1 中，介绍了应力状态的概念，显然，通过一点的不同方向的截面，其应力是不同的。我们已经学会了计算横截面上的应力，那么与横截面成 α 夹角的任一斜截面的应力与横截面的应力的关系为：

$$\sigma_\alpha = \sigma\cos^2\alpha$$

$$\tau_\alpha = \frac{1}{2}\sigma\sin2\alpha$$

可见，轴向拉（压）杆在斜截面上有正应力和剪应力，它们的大小随截面的方位 α 角的变化而变化。

当 $\alpha=0°$ 时，即横截面上，正应力最大，剪应力等于零。

当 $\alpha=45°$ 时，剪应力最大。

当 $\alpha=90°$ 时，正应力和剪应力都等于零，说明在平行杆轴线的纵向截面上无任何应力。

3. 轴心拉（压）构件的应变

（1）绝对变形和相对变形

杆件受到轴向力作用时，沿杆轴向方向会产生伸长（或缩短），称为纵向变形。同时杆在垂直轴线方向的横向尺寸将减小（或增大），称为横向变形。它们都属于绝对变形。如图 3.19 所示，一根原长为 L，直径为 D 的杆件，受到轴向拉力 P 作

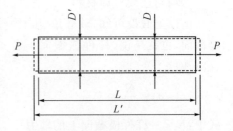

图 3.19　轴心受拉构件的变形

用后,其长度增为 L',直径减为 D',则杆件的绝对变形为:

纵向变形　$\Delta L = L' - L$

横向变形　$\Delta D = D' - D$

绝对变形只反映杆件总的变形量,而无法说明杆件的变形程度。由于杆件的各段是均匀伸长的,所以,用单位长度的变形来反映杆件的变形程度更加真实。

单位长度的变形即相对变形,也就是线应变 ε。图 3-19 所示杆件的相对变形为:

纵向线应变　$\varepsilon = \dfrac{\Delta L}{L}$

横向线应变　$\varepsilon' = \dfrac{\Delta D}{D}$

绝对变形 ΔL 和 ΔD 的量纲与长度相同,拉伸时 ΔL 为正,ΔD 为负;压缩时 ΔL 为负,ΔD 为正。相对变形 ε 和 ε' 是无量纲的量,正负号与绝对变形相同。

(2)虎克定律

根据虎克定律,当轴向拉(压)杆的应力不超过某一极限时,应力与应变成正比,即:

$$\sigma = E \cdot \varepsilon$$

所以,当已知杆件的应力时,可用 $\varepsilon = \dfrac{\sigma}{E}$ 来计算轴向拉(压)杆的应变。

也可将 $\sigma = \dfrac{N}{A}$ 和 $\varepsilon = \dfrac{\Delta L}{L}$ 代入虎克定律,则得到虎克定律的另一表达式,可以计算绝对变形量,即:

$$\Delta L = \dfrac{NL}{EA}$$

(3)泊松比

实验证明,当应力不超过某一极限时,横向线应变 ε' 与纵向线应变 ε 的绝对值之比为一常数,称为横向变形系数或泊松比,用 μ 表示。

$$\mu = \left| \frac{\varepsilon'}{\varepsilon} \right|$$

式中:μ 为无量纲的量,其数值随材料而异,可通过实验确定。μ 和 E、G 都是表示材料弹性性能的常数。可查表确定材料的 E、μ 和 G 值。

4.受压构件的稳定性

受轴向压力的直杆叫做压杆。压杆在轴向压力作用下保持其原有的平衡状态,叫做压杆的稳定性。从强度观点出发,压杆只要满足轴向压缩的强度条件就能正常工作。但是这个结论,对某些受压杆,如细长杆是不适用的。例如,一根长 300mm 的钢杆,其横截面的宽度和厚度分别为 20mm 和 1mm,材料的抗压允许应力为 140MPa,如果按照其抗压强度计算,其最大可以承受 2800N的压力。但实际上,在压力不到 40N 时,杆件就发生了明显的弯曲变形,从而丧失了其在直线形状下保持平衡的能力,最终被破坏。

（1）稳定的概念

①压杆稳定性:当 $F < F_{cr}$ 时(见图 3.20(a)、(b)、(c)),撤去干扰力后,压杆仍然恢复到原有的直线平衡状态,则称压杆原有的直线平衡状态的形式是稳定的。

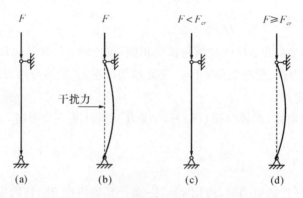

图 3.20 压杆的稳定平衡与不稳定平衡

对任一弹性系统,施加外界干扰使其从平衡位置发生微小偏离。撤去干扰后,如果系统能回到其原始位置,则称其原始位置的平衡是稳定的;如果系统不能回到其原始位置(见图 3.20(d)),则称其原始位置的平衡是不稳定的。

对于中心受压杆件,加上微小侧向干扰使杆件偏离直线形式而微弯,撤去干扰,若压杆可恢复其原直立状态,则原直立状态的平衡是稳定的;若撤去干扰后压杆不能恢复其原直立状态,则此压杆原直立状态的平衡是不稳定的。

②压杆的失稳:当 $F \geqslant F_{cr}$ 时,撤去干扰力后,压杆不能恢复到原有的直线平衡状态,称原有的直线平衡状态的形式是不稳定的。这种丧失原有直线平衡状态形式的现象,称为丧失稳定性,简称失稳。

③临界力:压杆的平衡状态与所受轴向压力 F 的大小有关。压杆有一个特定荷载值 F_{cr},当轴向压力 $F < F_{cr}$ 时,压杆处于稳定平衡状态;当 $F \geqslant F_{cr}$ 时,压杆处于不稳定平衡状态。该特定值 F_{cr} 称为临界力或临界荷载。压杆丧失其初始直线形式的平衡状态,称为失稳或屈曲。

④压杆的稳定平衡与不稳定平衡,当压力 P 小于某一临界值时,杆件受到微小干扰,偏离直线平衡位置,当干扰撤除后,杆件又回到原来的直线平衡位置,杆件的直线平衡形式是稳定的。

(2)压杆稳定的计算

①细长压杆的临界力计算:

$$F_{cr} = \frac{\pi^2 EI}{(\mu l)^2}$$

此式是由瑞士科学家欧拉(L. Euler)于 1744 年提出的,故也称为细长压杆的欧拉公式。其中,I 为压杆失稳弯曲时,横截面对中性轴的惯性矩;μ 为长度系数,与压杆两端的约束有关;μl 称为相当长度。各种支承约束条件下等截面细长压杆如图 3.21 所示。

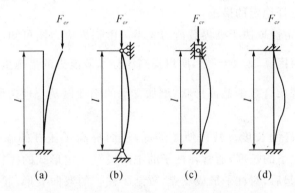

图 3.21　各种支承约束条件下等截面细长压杆

长度系数 μ:两端铰支的细长压杆 $\mu=1$;一端固定,另一端自由的细长压杆 $\mu=2$;两端固定的细长压杆 $\mu=0.5$;一端固定,另一端铰支的细长压杆 $\mu=0.7$。

公式的使用说明:

a. 当压杆两端约束在各个方向相同时,压杆在最小刚度平面内失稳。所谓最小刚度平面,就是惯性矩为 I_{min} 的纵向平面。

b. 当压杆两端约束在各个方向不同时,压杆在柔度 λ 最大的平面失稳。

c. 仅是理想中心受压细长杆临界力的理论值。实际压杆不可避免地存在材料不均匀、微小的初曲率及荷载微小偏心等现象。其临界力必定小于理论值。

②临界应力的计算:

欧拉公式只有在弹性范围内才是适用的。为了判断压杆失稳时是否处于弹性范围,以及超出弹性范围后临界力的计算问题,必须引入临界应力及柔度的概念。

压杆在临界力作用下,其在直线平衡位置时横截面上的应力称为临界应力,用 σ_{cr} 表示。压杆在弹性范围内失稳时,则临界应力为:

$$\sigma_{cr} = \frac{P_{cr}}{A} = \frac{\pi^2 EI}{(\mu l)^2 A} = \frac{\pi^2 E i^2}{(\mu l)^2} = \frac{\pi^2 E}{\lambda^2}$$

式中:λ 称为柔度;i 为截面的惯性半径,即

$$\lambda = \frac{\mu l}{i} , \ i = \sqrt{\frac{I}{A}}$$

式中:I 为截面的最小形心主轴惯性矩;A 为截面面积。

柔度 λ 又称为压杆的长细比。它全面地反映了压杆长度、约束条件、截面尺寸和形状对临界力的影响。柔度 λ 在稳定计算中是个非常重要的量。

(3)提高压杆稳定的措施

压杆的稳定性取决于临界载荷的大小。由临界应力图可知,当柔度 λ 减小时,则临界应力提高,而 $\lambda = \frac{\mu l}{i}$,所以提高压杆承载能力的措施主要是尽量减小压杆的长度,选用合理的截面形状,增加支承的刚性以及合理选用材料。现分述如下:

①减小压杆的长度。其可使 λ 降低,从而提高了压杆的临界载荷。工程中,为了减小柱子的长度,通常在柱子的中间设置一定形式的撑杆,它们与其他构件连接在一起后,对柱子形成支点,限制了柱子的弯曲变形,起到减小柱长的作用。对于细长杆,若在柱子中设置一个支点,则长度减小一半,而承载能力可增加到原来的 4 倍。

②选择合理的截面形状。压杆的承载能力取决于最小的惯性矩 I,当压杆各个方向的约束条件相同时,使截面对两个形心主轴的惯性矩尽可能大,而且相等,是压杆合理截面的基本原则。因此,薄壁圆管(见图 3.22(a))、正方形薄壁箱形截面(见图 3.22(b))是理想截面,它们各个方向的惯性矩相同,且惯性矩比同等面积的实心杆大得多。但这种薄壁杆的壁厚不能过薄,否则会出现局部失稳现象。对于型钢截面(工字钢、槽钢、角钢等),由于它们的两个形心主轴惯性矩相差较大,为了提高这类型钢截面压杆的承载能力,工程实际中常用几个型钢,通过缀板组成一个组合截面,如图 3.22(c)和(d)所示。

③增加支承的刚性。对于大柔度的细长杆,一端铰支另一端固定压杆的临界载荷比两端铰支的大一倍。因此,杆端越不易转动,杆端的刚性越大,长度系数 μ 就越小,如图 3.23 所示压杆。若增大杆右端止推轴承的长度 a,就加强了约束的刚性。

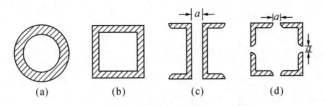

图 3.22　压杆的合理截面形状

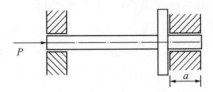

图 3.23　增加支承刚度的措施

④合理选择材料:弹性模量 E 越大,临界力越大。

最后尚需指出,对于压杆,除了可以采取上述几方面的措施以提高其承载能力外,在可能的条件下,还可以从结构方面采取相应的措施。例如,将结构中的压杆转换成拉杆,这样就可以从根本上避免失稳问题,以图 3.24 所示的托架为例,在不影响结构使用的条件下,若图(a)所示结构改换成图(b)所示结构,则 AB 杆由承受压力变为承受拉力,从而避免了压杆的失稳问题。

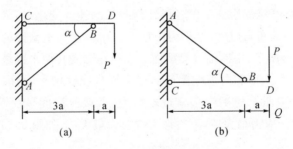

图 3.24　压杆转换成拉杆

3.2.3　受弯构件的应力

梁弯曲时,横截面上一般产生两种内力——剪力和弯矩。剪力是与横截面相切的内力,它是横截面上剪应力的合力。弯矩是在纵向对称平面作用的力偶矩,它是由横截面上沿法线方向作用的正应力组成的。这样,梁弯曲时,横截面上存在两种应力,即剪应力 τ 和正应力 σ。

1.受弯构件正应力

(1)正应力分布规律

为了解正应力在横截面上的分布情况,可先观察梁的变形,取一根弹性较好的矩形截面梁,在其表面上画上若干与轴线平行的纵线和与轴线垂直的横线,构成许多均等的小方格,然后在梁的两端施加一对力偶使梁发生纯弯曲变形,如图 3.25 所示,这时可以观察到所有的横线也仍保持为直线但不再平行,倾斜了一个角度;所有的纵线弯成曲线,上部纵线缩短,下部纵线伸长。

根据上面所观察到的现象,推测梁的内部变形,可作出如下的假设和推断:
① 平面假设。各横截面变形后仍保持平面,且仍与弯曲后的梁轴线垂直。
② 单向受力假设。认为梁是由无数条互不挤压或互不牵拉的纵向纤维组成。

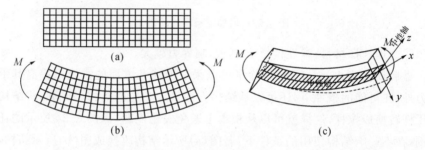

图 3.25 梁的变形实验

从上部各层纤维缩短到下部各层纤维伸长的连续变化中,梁内必有一层纤维既不伸长也不缩短,这层纤维称为中性层。中性层与横截面的交线称为中性轴,如图 3.25(c)所示,中性轴将梁截面分成受压和受拉两个区域。显然中性层上的线应变 $\varepsilon = 0$,向上和向下随截面高度应变呈线性增长,由虎克定律可以推出,梁弯曲时横截面上的正应力分布规律为:沿截面高度呈线性分布,中性轴 $\sigma = 0$,上边缘为压应力最大值,下边缘为拉应力最大值,如图 3.26 所示。

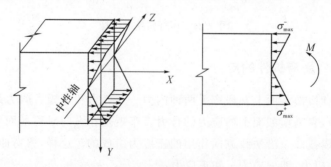

图 3.26 梁弯曲时横截面上的正应力分布

（2）正应力计算公式

由静力平衡条件分析，可知横截面上任一点（见图 3.27）正应力的计算公式为：

$$\sigma = \frac{My}{I_z}$$

式中：M——截面弯矩；

　　　y——截面上任一点到中性轴的距离；

　　　I_z——截面对 I 轴的惯性矩。

因为 $\sigma_{max} = \dfrac{My_{max}}{I_z}$，令 $W_z = \dfrac{I}{y_{max}}$，则

$$\sigma_{max} = \frac{M}{W_z}$$

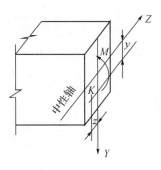

图 3.27　正应力计算

式中：W_z——抗弯截面模量（或系数），它是一个与截面形状和尺寸有关的几何量，常用单位为 mm^3 或 m^3。对高为 h、宽为 b 的矩形截面，$W_z = \dfrac{1}{6}bh^2$；对直径为 d 的圆形，$W_z = \dfrac{\pi d^3}{32}$。

2. 受弯构件剪应力

剪应力是剪力在横截面上的分布集度，它在横截面上的分布较为复杂。

（1）矩形截面剪应力的分布特点与计算

对于高度为 h、宽度为 b 的矩形截面梁，其横截面上的剪力 V 沿轴方向，如图 3.28 所示，则剪应力 τ 的分布特点如下：

①剪应力 τ 的方向与剪力 V 方向相同；

②与中性轴等距离的各点剪应力相等，即沿截面宽度为 b 均匀分布；

③沿截面高度按二次抛物线规律分布，在截面的上下边缘应力为零，在中性轴处剪应力最大。

截面上任一点处剪应力的计算公式：

$$\tau = \frac{V S_z^*}{I_z b}$$

式中：V——横截面上剪力；

　　　I_z——截面对中性轴的惯性矩；

　　　b——横截面的宽度；

　　　S_z^*——截面上需求剪应力点处的水平线以上（或以下）部分面积 A^* 对中性轴的静矩。

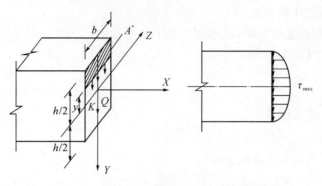

图 3.28　梁弯曲时横截面上的剪应力分布

矩形截面最大剪应力按下式计算：

$$\tau_{max} = \frac{1.5V}{bh}$$

式中：b——横截面的宽度；

　　　h——高度。

（2）工字形截面剪应力分布特点与计算

工字形截面梁由腹板和翼缘组成，如图 3.29 所示。横截面上的剪力约 95%～97%由腹板承担，腹部是一个狭长的矩形，所以它的剪应力可按矩形截面的剪应力公式计算，即：

$$\tau = \frac{VS_z^*}{I_z d}$$

式中：d——腹部的宽度；

　　　S_z^*——截面上需求剪应力点处的水平线以上（或以下）至截面边缘部分面积 A^* 对中性轴的静矩。

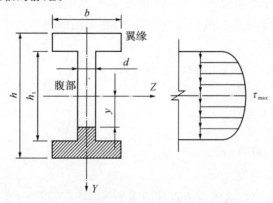

图 3.29　工字形截面梁弯曲时横截面上的剪应力

中性轴上剪应力最大,剪应力按下式计算:

$$\tau_{\max} = \frac{V_{\max} S_{Z\max}^*}{I_z d}$$

式中:$S_{Z\max}^*$——工字形截面中性轴以上(或以下)面积对中性轴的静矩。可由型钢表直接查得 $\dfrac{I_Z}{S_{Z\max}^*}$ 值。

3.2.4 教学应用案例

应用案例 3-6   图 3.30(a)所示等直杆,当截面为 60mm×60mm 的正方形时,试求各段横截面上的应力。

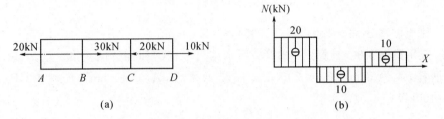

图 3.30 应用案例 3-6 图

解   杆件的横截面面积 $A = 60 \times 60 = 3600 (\text{mm}^2)$,绘出杆件的轴力图,由应力计算公式可得:

AB 段内任一横截面上的应力:$\sigma_{AB} = \dfrac{N_{AB}}{A} = \dfrac{20 \times 10^3}{3600} = 5.6 (\text{MPa})$

BC 段内任一横截面上的应力:$\sigma_{BC} = \dfrac{N_{BC}}{A} = \dfrac{-10 \times 10^3}{3600} = -2.8 (\text{MPa})$

CD 段内任一横截面上的应力:$\sigma_{CD} = \dfrac{N_{CD}}{A} = \dfrac{10 \times 10^3}{3600} = 2.8 (\text{MPa})$

应用案例 3-7   图 3.31(a)所示方形阶梯砖柱,上柱截面为 240mm×240mm,下柱截面为 370mm×370mm,材料的弹性模量 $E = 0.03 \times 10^5 \text{MPa}$,柱上作用有荷载 $P = 30 \text{kN}$,不计自重,试求柱顶的位移。

解   绘出砖柱的轴力图。由于上下两柱的截面面积和轴力都不相等,故首先求出两段柱子的变形,然后求和即为柱顶的位移。

上柱变形 $\Delta l_{上} = \dfrac{N_{上} l_{上}}{EA_{上}} = \dfrac{-60 \times 10^3 \times 3000}{0.03 \times 10^5 \times 240^2} = -1.04 (\text{mm})$

下柱变形 $\Delta l_{下} = \dfrac{N_{下} l_{下}}{EA_{下}} = \dfrac{-120 \times 10^3 \times 3600}{0.03 \times 10^5 \times 370^2} = -1.05 (\text{mm})$

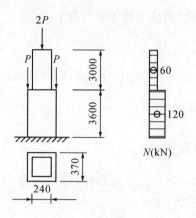

图 3.31　应用案例 3-7 图

柱顶位移 $\Delta l = -1.04 + (-1.05) = -2.09 (\text{mm})$

应用案例 3-8　计算图 3.32(a)所示结构中杆①和杆②的变形。已知杆① 为钢杆，$A_1 = 8 \text{cm}^2$，$E_1 = 200 \text{GPa}$；杆②为木杆，$A_2 = 480 \text{cm}^2$，$E_2 = 12 \text{GPa}$； $F = 100 \text{kN}$。

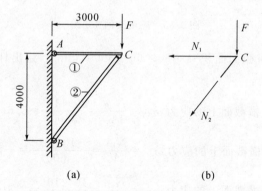

(a)　　　　　　　　　　(b)

图 3.32　应用案例 3-8 图

解　(1)求各杆的轴力。

取 C 节点为研究对象,列平衡方程得：

由 $\sum F_Y = 0$,有 $-F - N_2 \sin\alpha = 0$

由 $\sum F_X = 0$,有 $-N_1 - N_2 \cos\alpha = 0$

将 $\sin\alpha = 4/5$, $\cos\alpha = 3/5$ 代入以上两个式子,解得 $N_1 = 75 \text{kN}(\text{拉})$, $N_2 = -125 \text{kN}(\text{压})$。

（2）计算杆件的变形。

$$\Delta l_1 = \frac{N_1 l_1}{E_1 A_1} = \frac{75 \times 10^3 \times 3000}{2 \times 10^5 \times 800} = 1.41(\mathrm{mm})$$

$$\Delta l_2 = \frac{N_2 l_2}{E_2 A_2} = \frac{-125 \times 10^3 \times 5000}{0.12 \times 10^5 \times 40000} = -1.30(\mathrm{mm})$$

应用案例 3-9　如图 3.33(a)所示为某工程有扫地杆的扣件式脚手架，扣件式钢管脚手架节点的实际工况是一种半刚半铰节点，为了计算方便和便于对比分析，假定：除扫地杆连接节点以外的节点具有良好抗弯性能；扫地杆的连接节点为铰节点。有扫地杆脚手架针对其实际工况的计算简图如图(b)、(c)所示。现在取最下面一跨作为计算单元如图(d)所示，杆长 1.5m，脚手架竖杆采用 $\phi48\times3$ 的钢管，$E=200\mathrm{GPa}$，试求细长压杆的临界力。

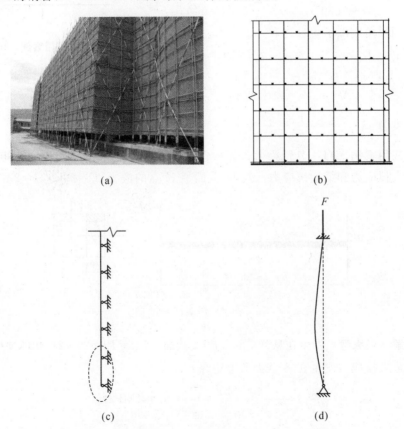

图 3.33　应用案例 3-9 图

解　（1）计算杆件的惯性矩：

$$I_z = \frac{\pi(D^4 - d^4)}{64} = \frac{\pi(48^4 - 45^4)}{64} = 59257.2(\text{mm}^4)$$

(2)由临界力计算公式得,该细长压杆的临界力为:

$$F_{cr} = \frac{\pi^2 I_z E}{(\mu l)^2} = \frac{3.14^2 \times 59257.2 \times 10^{-12} \times 200 \times 10^9}{(0.7 \times 1.5)^2}$$

$$= 74.2 \times 10^3(\text{N}) = 74.2(\text{kN})$$

应用案例 3-10 如图 3.34 所示一压杆长 $L =$ 1.5m,截面由两根 $56 \times 56 \times 8$ 等边角钢组成,两端铰支,压力 $F = 150\text{kN}$,角钢为 A_3 钢,试求该杆的柔度。

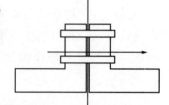

解 一个角钢,查型钢表得

$$A_1 = 8.367\text{cm}^2, I_{y1} = 23.63(\text{cm}^4)$$

两根角钢图示组合之后,$I_y < I_z$,有

$$I_{\min} = I_y = 2I_{y1} = 2 \times 23.63 = 47.26(\text{cm}^4)$$

$$i = \sqrt{\frac{I_{\min}}{A}} = \sqrt{\frac{47.26}{2 \times 8.367}} = 1.68(\text{cm})$$

图 3.34 应用案例 3-10 图

则柔度为:$\lambda = \dfrac{\mu l}{i} = \dfrac{1 \times 150}{1.68} = 89.3$

应用案例 3-11 悬臂梁 AB 受 F 作用,如图 3.35 所示,试求最大弯矩截面上最大拉应力和最大压应力。其中,截面上 K 点的应力,$F = 20\text{kN}, l = 2\text{m}$。

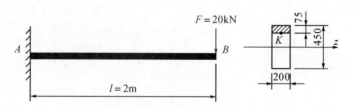

图 3.35 应用案例 3-11 图

解 最大弯矩发生在悬臂梁的根部 A 截面,$M_{\max} = Pl = 20 \times 2 = 40(\text{kN} \cdot \text{m})$

最大拉应力发生在 A 截面的上边缘:

$$\sigma_{\max}^+ = \frac{M_{\max}}{W_z} = \frac{40 \times 10^6}{\frac{1}{6} \times 200 \times 450^2} = 5.93(\text{MPa})$$

最大压应力发生在 A 截面的下边缘:

$$\sigma_{\max}^- = \frac{M_{\max}}{W_z} = 5.93(\text{MPa})$$

A 截面承受的是负弯矩，K 点位于中性轴上方，K 点的应力为拉应力：

$$\sigma_K = \frac{My_K}{I_z} = \frac{40 \times 10^6 \times 150}{\frac{1}{12} \times 200 \times 450^3} = 3.95(\text{MPa})$$

【特别提示】　也可用 $\sigma_K = \sigma_{\max}^+ \times \dfrac{150}{225} = 3.95(\text{MPa})$ 来计算截面上 K 点的应力。

应用案例 3-12　一对称 T 形截面的外伸梁，梁上作用均布荷载，梁的尺寸如图 3.36 所示，已知 $l = 1.5\text{m}$，$q = 8\text{kN/m}$，求梁中横截面上的最大拉应力和最大压应力。

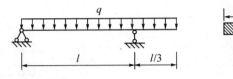

图 3.36　应用案例 3-12 图

解　(1)设截面的形心到下边缘距离为 y_1，则有

$$y_1 = \frac{4 \times 8 \times 4 + 10 \times 4 \times 10}{4 \times 8 + 10 \times 4} = 7.33(\text{cm})$$

则形心到上边缘距离 $y_2 = 12 - 7.33 = 4.67(\text{cm})$

于是截面对中性轴的惯性距为

$$I_z = \left(\frac{4 \times 8^3}{12} + 4 \times 8 \times 3.33^2 \right) + \left(\frac{10 \times 4^3}{12} + 10 \times 4 \times 2.67^2 \right)$$
$$= 864.0(\text{cm}^4)$$

(2)作梁的弯矩图，如下：

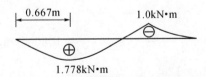

设最大正弯矩所在截面为 D，最大负弯矩所在截面为 E，则在 D 截面：

$$\sigma_{t,\max} = \frac{M_D}{I_z}y_1 = \frac{1.778 \times 10^3 \times 7.33 \times 10^{-2}}{864.0 \times 10^{-8}}$$
$$= 15.08 \times 10^6(\text{Pa}) = 15.08(\text{MPa})$$

$$\sigma_{c,\max} = \frac{M_D}{I_z}y_2 = \frac{1.778 \times 10^3 \times 4.67 \times 10^{-2}}{864.0 \times 10^{-8}}$$
$$= 9.61 \times 10^6(\text{Pa}) = 9.61(\text{MPa})$$

在 E 截面上：

$$\sigma_{t,\max} = \frac{M_E}{I_z}y_2 = \frac{1.0 \times 10^3 \times 4.67 \times 10^{-2}}{864.0 \times 10^{-8}}$$

$$= 5.40 \times 10^6 (\text{Pa}) = 5.40 (\text{MPa})$$

$$\sigma_{c,\max} = \frac{M_E}{I_z}y_1 = \frac{1.0 \times 10^3 \times 7.33 \times 10^{-2}}{864.0 \times 10^{-8}}$$

$$= 8.48 \times 10^6 (\text{Pa}) = 8.48 (\text{MPa})$$

所以，梁内 $\sigma_{t,\max} = 15.08 (\text{MPa})$，$\sigma_{c,\max} = 9.61 (\text{MPa})$。

应用案例 3-13 承受集中力的矩形截面的剪支梁如图 3.37 所示，已知 $F = 15\text{kN}$，$l = 3\text{m}$，$b = 60\text{mm}$，$h = 120\text{mm}$，试求该梁的最大剪应力。

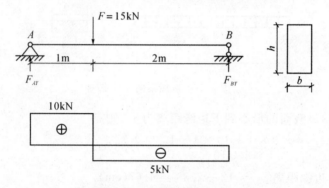

图 3.37 应用案例 3-13 图

解 由 $\sum M_A = 0$，有 $F_{BY} \times 3 - F \times 1 = 0$，$F_{BY} = 5 (\text{kN})$

由 $\sum F_Y = 0$，有 $F_{AY} + F_{BY} - F = 0$，$F_{AY} = 10 (\text{kN})$

(1) 如剪力图所示 $V_{\max} = 10 (\text{kN})$

(2) 计算 S_z，I_z

$$S_z = \frac{h}{2} \times b \times \frac{h}{4} = \frac{120}{2} \times 60 \times \frac{120}{4} = 108000 (\text{mm}^3)$$

$$I_z = \frac{bh^3}{12} = \frac{60 \times 120^3}{12} = 8640000 (\text{mm}^4)$$

(3) 代入剪应力公式校核：

$$\tau_{\max} = \frac{V_{\max}S_z}{I_z b} = \frac{10 \times 10^3 \times 108000 \times 10^{-9}}{8640000 \times 10^{-12} \times 60 \times 10^{-3}}$$

$$= 2.083 \times 10^6 (\text{Pa}) = 2.083 (\text{MPa}) < 3.0 (\text{MPa})$$

应用案例 3-14 正方形截面的混凝土柱和基底混凝土板如图 3.38(a) 所示。假设地基对基底板的反力均匀分布，其压强为 p，如图 3.38(b) 所示。混凝

土板的厚度 t 为 100mm，试确定混凝土板受到的剪应力大小。

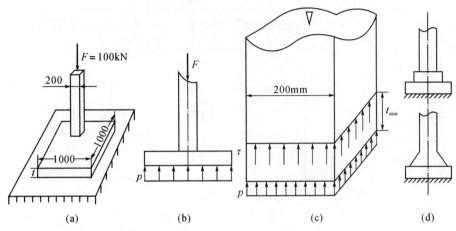

图 3.38 应用案例 3-14 图

解 假设地基对地基板反力为均匀分布，则

$$p = \frac{F}{A_{\text{板}}} = \frac{100 \times 10^3}{1 \times 1} = 100(\text{kPa})$$

沿剪切面将柱截出，其受力情况如图 3.38(c)所示。为保证基底板不被剪断，当其厚度为 $t_{\min}$ 时，应满足剪切强度条件：

$$\tau = \frac{F - pA_{\text{柱}}}{A} = \frac{F - p(200 \times 200 \times 10^{-6})}{4t \times 10^{-6}}$$

$$= \frac{100 \times 10^3 - 100 \times 10^3 \times 200 \times 200 \times 10^{-6}}{4 \times 100 \times 10^{-6}}$$

$$= 240(\text{MPa})$$

在实际工程中，为了减少基底板的厚度，常将柱的底部做成阶梯状或斜坡形式，如图 3.38(d)所示。

应用案例 3-15 用四个铆钉搭接两块钢板，如图 3.39(a)所示。已知拉力 $F = 110\text{kN}$，铆钉直径 $d = 16\text{mm}$，钢板宽度 $b = 90\text{mm}$，厚 $t = 10\text{mm}$。试计算铆钉的剪应力、挤压应力以及钢板最大拉应力。

解 连接件存在三种破坏的可能性：①铆钉被剪断；②铆钉或钢板发生挤压破坏；③钢板由于钻孔，断面受到削弱，在削弱截面处被拉断。如果要判断连接件安全可靠，必须先计算出铆钉的剪应力、挤压应力以及钢板最大拉应力。

(1)受力分析。连接件有四个铆钉，铆钉直径相同，且相对于钢板轴线对称分布。在实用计算中假设每个铆钉传递的力相等(见图 3.39(b))，得

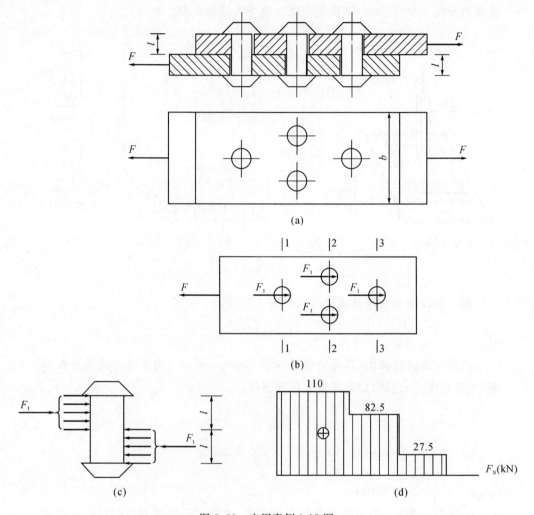

图 3.39 应用案例 3-15 图

$$F_1 = \frac{F}{4} = \frac{110}{4} = 27.5(\text{kN})$$

(2)铆钉的剪应力计算。铆钉受力如图 3.39(c)所示。

$$\tau = \frac{V}{A} = \frac{F_1}{\frac{\pi d^2}{4}} = \frac{27.5 \times 10^3 \times 4}{\pi \times 16^2} = 136.8(\text{MPa})$$

(3)铆钉的挤压应力计算。

$$\sigma_{bs} = \frac{F_{bs}}{A_{bs}} = \frac{F_1}{td} = \frac{27.5 \times 10^3}{10 \times 16} = 171.9(\text{MPa})$$

(4)钢板的最大拉应力计算。两块钢板的受力情况及开孔情况相同,只要校核其中一块即可。以下面一块钢板为例,作出钢板的轴力图,如图 3.39(d)所示,3-3 不是危险截面,只需对截面 1-1 和 2-2 进行应力计算,从而确定最大拉应力。

$$\sigma_{1-1} = \frac{F}{A_1} = \frac{F}{(b-d)t} = \frac{110 \times 10^3}{(90-16) \times 10} = 149(\text{MPa})$$

$$\sigma_{2-2} = \frac{F}{A_2} = \frac{\dfrac{3F}{4}}{(b-2d)t} = \frac{0.75 \times 110 \times 10^3}{(90-2 \times 16) \times 10} = 142(\text{MPa})$$

因此,钢板的最大拉应力发生在 1-1 截面,大小为 149MPa。

3.3　组合变形应力分析与计算教学

3.3.1　组合变形应力分析与计算教学情境

选取悬臂吊装钢架作为组合变形应力分析与计算教学情境如图 3.40 所示。

图 3.40　悬臂吊装钢架

悬臂吊装钢架由水平悬臂梁受弯构件和竖向立柱压弯组合变形构件两种构成。组合变形构件工程中较为常见,教学中可选斜弯曲组合变形、拉弯组合变形、弯扭组合变形等作为组合变形应力分析与计算教学情境,引导学生对本内容的认识,掌握组合变形应力分析与计算的方法。

3.3.2 组合变形应力分析与计算教学内容

1.组合变形

实际工程中,许多杆件往往同时存在着几种基本变形,它们对应的应力或变形属同一量级,在杆件设计计算时均需要同时考虑。本章将讨论此种由两种或两种以上基本变形组合的情况,统称为组合变形。

在图 3.41 中,图(a)为烟囱,自重引起轴向压缩变形,风荷载引起弯曲变形;图(b)为柱,偏心力引起轴向压缩和弯曲组合变形;图(c)为传动轴发生弯曲与扭转变形;图(d)为梁发生斜弯曲组合变形。

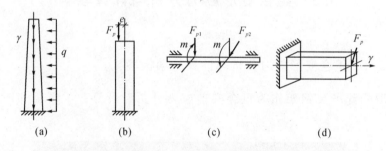

(a)   (b)   (c)   (d)

图 3.41　组合变形构件

2.组合变形的分析方法及计算原理

处理组合变形问题的方法:

(1)将构件的组合变形分解为基本变形;

(2)计算构件在每一种基本变形情况下的应力;

(3)将同一点的应力叠加起来,便可得到构件在组合变形情况下的应力。

叠加原理是解决组合变形计算的基本原理。叠加原理应用条件:在材料服从胡克定律,构件产生小变形,所求力学量定荷载的一次函数的情况下,计算组合变形时可以将几种变形分别单独计算,然后再叠加,即得组合变形杆件的内力、应力和变形。

3.斜弯曲

外力 F 的作用线只通过横截面的形心而不与截面的对称轴重合,此梁弯曲后的挠曲线不再位于梁的纵向对称面内,这类弯曲称为斜弯曲。斜弯曲是两个平面弯曲的组合,这里将讨论斜弯曲时的正应力及其强度计算。

现以图 3.42 所示矩形截面悬臂梁为例来说明斜弯曲时应力的计算。设自由端作用一个垂直于轴线的集中力 F，其作用线通过截面形心（也是弯心），并与形心主惯性轴 y 轴夹角为 φ。

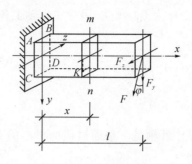

图 3.42　斜弯曲构件

（1）内力计算

首先将外力分解为沿截面形心主轴的两个分力：

$$F_y = F \cdot \cos\varphi$$

$$F_z = F \cdot \sin\varphi$$

其中，F_y 使梁在 xy 平面内发生平面弯曲，中性轴为 z 轴，内力弯矩用 M_z 表示；F_z 使梁在 xz 平面内发生平面弯曲，中性轴为 y 轴，内力弯矩用 M_y 表示。

任意横截面 m-n 上的内力为：

$$M_z = F_y \cdot (l-x) = F(l-x)\cos\varphi = M\cos\varphi$$

$$M_y = F_z \cdot (l-x) = F(l-x)\sin\varphi = M\sin\varphi$$

式中：$M = F(l-x)$ 是横截面上的总弯矩。

$$M = \sqrt{M_z^2 + M_y^2}$$

（2）应力分析

横截面 m-n 上第一象限内任一点 $k(y,z)$ 处，对应于 M_z、M_y 引起的正应力分别为：

$$\sigma' = -\frac{M_z}{I_z}y = -\frac{M\cos\varphi}{I_z}y$$

$$\sigma'' = -\frac{M_y}{I_y}z = -\frac{M\sin\varphi}{I_y}z$$

式中：I_y、I_z 分别为横截面对 y、z 轴的惯性矩。

因为 σ' 和 σ'' 都垂直于横截面，所以 K 点的正应力为：

$$\sigma = \sigma' + \sigma'' = -M\left(\frac{y\cos\varphi}{I_z} + \frac{z\sin\varphi}{I_y}\right)$$

注意：求横截面上任一点的正力时，只需将此点的坐标（含符号）代入上式即可。

(3)中性轴的确定

设中性轴上各点的坐标为(y_0, z_0)，因为中性轴上各点的正应力等于零，于是有：

$$\sigma = - M\left(\frac{y_0}{I_z}\cos\varphi + \frac{z_0}{I_y}\sin\varphi\right) = 0$$

即

$$\frac{y_0}{I_z}\cos\varphi + \frac{z_0}{I_y}\sin\varphi = 0$$

此即为中性轴方程，可见中性轴是一条通过截面形心的直线。设中性轴与z轴夹角为α（见图 3.43），则

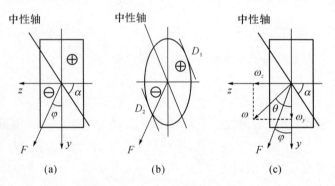

图 3.43　中性轴

$$\tan\alpha = \left|\frac{y_0}{z_0}\right| = \frac{I_z}{I_y}\tan\varphi$$

【教学提示】

● 危险截面上M_y和M_z不一定同时达到最大值。

● 危险点为距中性轴最远的点，若截面有棱角，则危险点必在棱角处；若截面无棱角，则危险点为截面周边与平行于中性轴之直线的切点。

● 中性轴一般不垂直于外力作用线（或中性轴不平行于合成的弯矩矢量）。

4.偏心受压构件的应力

杆件受到平行于轴线但不与轴线重合的力作用时，引起的变形称为偏心压缩。如图 3.44 所示，设构件的轴线方向为x方向，若压力只在y方向偏离轴线，则称为单向偏心受压构件；若在y、z两个方向都偏离轴线，则称为双向偏心受压构件。

(1)单向偏心受压构件

如图 3.44(b)所示，矩形截面在$K(y_K, 0)$点受压力P的作用，将压力P简

化到截面的形心 O，则得到一个轴向压力和一个力偶 m_z，从而引起轴向压缩和平面弯曲的组合变形。由截面法可求得任一横截面上的内力为：

$$N = F, M_z = F \cdot y_K$$

在横截面上由轴力引起的任一点的正应力为（见图 3.44(c)）：

$$\sigma_N = \frac{N}{A} = -\frac{F}{A}$$

由弯矩 M_z 引起的任一点的正应力为（见图 3.44(d)）：

$$\sigma_{M_z} = \pm \frac{M_z}{I_z} \cdot y = \pm \frac{F \cdot y_K \cdot y}{I_z}$$

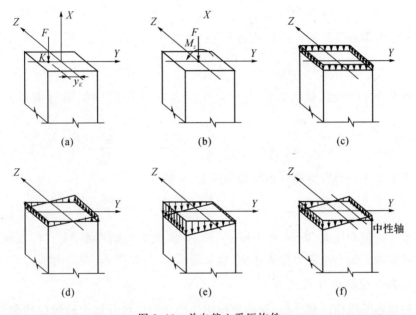

图 3.44　单向偏心受压构件

将上述两项应力代数相加，即得到偏心受压构件的横截面上任一点的总应力：

$$\sigma = \sigma_N + \sigma_{M_z} = -\frac{F}{A} \pm \frac{M_z}{I_z} \cdot y$$

显然，最大压应力发生在压力 F 所在一侧构件的边缘，如图 3.44(e)所示，其值为：

$$\sigma_{\max} = -\sigma_N - \sigma_{M_z} = -\frac{F}{A} - \frac{M_z}{I_z} \cdot y_{\max}$$

而最小压应力发生在另一侧的边缘上，其值为：

$$\sigma_{\min} = -\sigma_N + \sigma_{M_z} = -\frac{F}{A} + \frac{M_z}{I_z} \cdot y_{\min}$$

当压力偏心较大（即 K 点坐标 y_K 值较大），则弯矩 M_z 也较大，那么就有可能 $\sigma_{\max} = -\sigma_N + \sigma_{M_z} > 0$，即另一侧出现拉应力，如图 3.44(f)所示，此时，横截面受压区较大，受拉区较小，中性轴偏移。

（2）双向偏心受压构件

如图 3.45 所示，矩形截面在 $K(y_K, z_K)$ 点受压力 F 的作用，与前面相似，将压力 F 简化到截面的形心 O，得到一个轴向压力和两个力偶 m_y、m_z，从而引起轴向压缩和两个平面弯曲的组合变形。则横截面上的内力为：

$$N = F, M_y = F \cdot z_K, M_z = F \cdot y_K$$

可得到双向偏心受压构件的横截面上任一点的总应力为：

$$\sigma = \sigma_N + \sigma_{M_z} + \sigma_{M_y} = -\frac{F}{A} \pm \frac{M_z}{I_z} \cdot y \pm \frac{M_y}{I_y} \cdot z$$

如图 3.44 所示，最大压应力发生在压力 F 所作用的象限的角点上，其值为：

$$\sigma_{\max} = -\sigma_N - \sigma_{M_z} - \sigma_{M_y} = -\frac{F}{A} - \frac{M_z}{I_z} \cdot y_{\max} - \frac{M_y}{I_y} \cdot z_{\max}$$

而最小压应力发生在对角线的角点上，其值为：

$$\sigma_{\max} = -\sigma_N + \sigma_{M_z} + \sigma_{M_y} = -\frac{F}{A} + \frac{M_z}{I_z} \cdot y_{\max} + \frac{M_y}{I_y} \cdot z_{\max}$$

当压力偏心较大（即 K 点坐标 y_K 和 z_K 值较大），则弯矩 M_y、M_z 也较大，那么就有可能最小压应力变成正值，也就是拉应力，如图 3.44(f)所示。

5. 偏心受拉构件的应力

与偏心受压构件相类似，偏心受拉构件的变形也可分解为轴向拉伸和两个平面弯曲的组合变形。其横截面上任一点的总应力为：

$$\sigma = \sigma_N + \sigma_{M_z} + \sigma_{M_y} = \frac{F}{A} \pm \frac{M_z}{I_z} \cdot y \pm \frac{M_y}{I_y} \cdot z$$

最大拉应力发生在拉力 F 所作用的象限的角点上，其值为：

$$\sigma_{\max} = \sigma_N + \sigma_{M_z} + \sigma_{M_y} = \frac{F}{A} + \frac{M_z}{I_z} \cdot y_{\max} + \frac{M_y}{I_y} \cdot z_{\max}$$

而最小拉应力发生在对角线的角点上，其值为：

$$\sigma_{\min} = \sigma_N - \sigma_{M_z} - \sigma_{M_y} = \frac{F}{A} - \frac{M_z}{I_z} \cdot y_{\min} - \frac{M_y}{I_y} \cdot z_{\min}$$

当拉力偏心较大（即 A 点坐标 y_A 和 z_A 值较大）时，则弯矩 M_y、M_z 也较大，那么就有可能最小拉应力变成负值，也就是压应力。

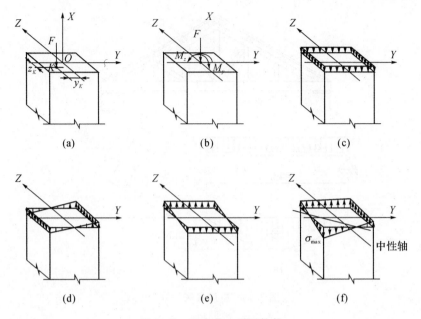

图 3.45　双向偏心受压构件

3.3.3　教学应用案例

应用案例 3-16　如图 3.46 所示屋架结构。已知屋面坡度为 1∶2,两屋架之间的距离为 4m,木檩条梁的间距为 1.5m,屋面重(包括檩条)为 1.4kN/m²。若木檩条梁采用 120mm×180mm 的矩形截面,试计算最大应力。

解　(1)将实际结构简化为计算简图:

$$q = 1.4 \times 1.5 = 2.1 (\text{kN/m})$$

(2)内力及截面惯性矩的计算:

$$M_{max} = \frac{ql^2}{8} = \frac{2.1 \times 10^3 \times 4^2}{8} = 4200(\text{N} \cdot \text{m}) = 4.2(\text{kN} \cdot \text{m})$$

由屋面坡度为 1∶2,得

$$\tan\varphi = \frac{1}{2}, \varphi = 26''34', \sin\varphi = 0.447, \cos\varphi = 0.894$$

惯性矩为:

$$I_z = \frac{bh^3}{12} = \frac{120 \times 180^3}{12} = 0.583 \times 10^8 (\text{mm}^4)$$

$$I_y = \frac{hb^3}{12} = \frac{180 \times 120^3}{12} = 0.259 \times 10^8 (\text{mm}^4)$$

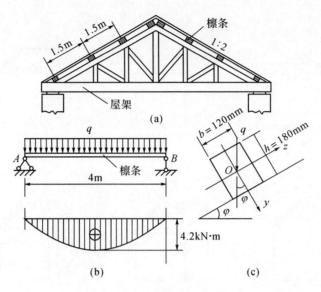

图 3.46　应用案例 3-16 图

$$y_{max} = \frac{h}{2} = 90(mm), z_{max} = \frac{b}{2} = 60(mm)$$

（3）计算最大工作应力：

$$\sigma_{max} = M_{max}\left(\frac{y_{max}}{I_z}\cos\varphi + \frac{z_{max}}{I_y}\sin\varphi\right)$$

$$= 4200 \times 10^3 \times \left(\frac{90}{0.583 \times 10^8} \times 0.894 + \frac{60}{0.259 \times 10^8} \times 0.447\right)$$

$$= 10.16(MPa)$$

　　应用案例 3-17　挡土墙如图 3.47(a)所示，材料的容重 $\gamma = 22kN/m^3$，试计算挡土墙没填土时底截面 AB 上的正应力（计算时挡土墙长度取 1m）。

　　解　挡土墙受重力作用，为了便于计算，将挡土墙按图 3.47(c)中画的虚线分成两部分，这两部分的自重分别为 G_1、G_2。

$$G_1 = \gamma \cdot V_1 = 22 \times 1.2 \times 6 \times 1 = 158.4(kN)$$

$$G_2 = \gamma \cdot V_2 = 22 \times \frac{1}{2}(3-1.2) \times 6 \times 1 = 118.8(kN)$$

（1）内力计算。

挡土墙基底处的内力为：

$$N = -(G_1 + G_2) = -(158.4 + 118.8) = -277.2(kN)$$

$$M_z = G_1\left(\frac{3}{2} - \frac{1.2}{2}\right) - G_2\left[\frac{3}{2} - (3-1.2)\frac{2}{3}\right]$$

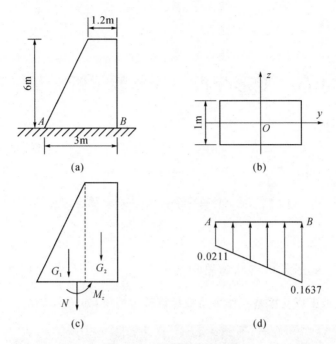

图 3.47　应用案例 3-17 图

$$= 158.4 \times 0.9 - 118.8 \times 0.3 = 106.92(\text{kN} \cdot \text{m})$$

（2）计算应力,画应力分布图。

基底截面面积　$A = 3 \times 1 = 3(\text{m}^2)$

抗弯截面系数　$W_z = \dfrac{1 \times 3^2}{6} = 1.5(\text{m}^3)$

则基底截面上 A 点、B 点处的应力为:

$$\sigma_B^A = \frac{N}{A} \pm \frac{M_z}{W_z} = \frac{-277.2 \times 10^3}{3 \times 10^6} \pm \frac{106.9 \times 10^6}{1.5 \times 10^9} = {}_{-0.1637}^{-0.0211} \text{MPa}$$

基底截面的正应力分布如图 3.47(d)所示。

第4章 变形分析与计算教学研究及实践

4.1 梁的变形分析与计算教学

4.1.1 变形分析与计算教学情境

选取模板工程支撑系统作为荷载计算教学情境,如图 4.1 所示。

图 4.1 模板工程支撑系统

建筑结构在荷载(温度变化或支座移动)作用下会产生变形,因而其上各点的位置将发生变化,我们把结构位置的变化称为结构的位移,结构的位移可用线位移和角位移来度量。计算结构位移的目的之一是为了校核结构的刚度。结构如果强度、稳定性能够保证,但在荷载作用下变形过大没有足够的刚度,也是不能正常工作的。如图 4.1 所示模板工程支撑系统,在钢筋混凝土的自重荷载和侧压力以及各种施工荷载作用下,若梁模板产生过大变形,则模板支撑产生过大位移将影响工程质量造成损失。因此,教学中应引导学生认真学习、熟练掌握变形分析与计算的方法,以防止发生工程质量事故,并为超静定结构计算打好基础。

4.1.2 梁的变形分析与计算教学内容

1. 变形和位移

建筑结构在荷载、温度变化、支座发生移动时会发生变形。这种变形除了指结构中各杆件的变形外,还包括结构形状的改变。结构发生变形时,结构中各杆横截面的位置会有所变动。结构的位移即指结构中杆件横截面位置的改变。而结构的变形可用结构上某些截面的位移来反映。

结构的位移分线位移和角位移两种。截面的移动称为线位移(杆件在竖直方向上的线位移也称为挠度),在计算简图上用杆轴上一点(截面形心)处的移动来表示。截面的转动称为角位移(即转角的大小),在计算简图上用杆轴上一点处切线方向的变化来表示(见图 4.2)。

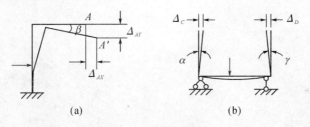

图 4.2 结构的变形

空间结构情况下,杆件截面的线位移可用轴向位移 u 和侧向位移 v、w 三个分量来表示,角位移也有三个分量。讨论杆件变形时,线位移用上述三个分量比较方便,但在结构的位移计算中,通常考虑平面问题,采用水平和竖向位移分量来表示线位移,角位移可用一个分量来表示。

图 4.2(a)所示刚架在荷载作用下发生变形,原来杆件上的 A 点变形后变到 A' 点,这两点之间的直线距离称为 A 点变形后的线位移,用 Δ_A 表示,A 点的线位移可分解为水平位移 Δ_{AX} 和竖向位移 Δ_{AY},变形前 A 截面与变形后 A' 截面之间的夹角称为角位移,用 β 表示。

图 4.2(b)所示刚架在荷载作用下发生变形,C、D 两点的水平线位移分别向右和向左,方向相反,这两个方向相反的线位移之和 $\Delta_C + \Delta_D$ 称为 C、D 两点的相对水平线位移;同理,两根竖向杆件的角位移分别向右和向左,$\alpha + \gamma$ 则称为

两根杆件间的相对角位移。

通常将以上所述的线位移、角位移、相对线位移及相对线位移统称为广义位移。

2.受弯杆件的挠度及转角

(1)概述

在工程实践中,对某些受弯构件,除要求具有足够的强度外,还要求变形不能过大,即要求构件有足够的刚度,以保证结构或机器正常工作。如图 4.3 所示钢筋混凝土结构在荷载作用下产生的弯曲破坏造成工程事故。如图 4.4 所示一简支梁,在一集中力作用下水平梁发生如图所示的变形,在梁的跨中处发生的竖向线位移 v 即是该截面的挠度;在左侧支座处作变形曲线的切线,则该切线和梁轴线间的夹角 θ 便是该支座在外力作用下发生的转角。

图 4.3　钢筋混凝土结构受弯构件破坏现场

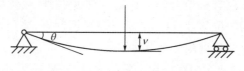

图 4.4　梁的变形

(2)受弯构件的挠度和转角的计算

受弯构件的挠度和转角的计算一般采用简单荷载作用下梁的挠度和转角(见表 4.1),运用叠加法计算,其计算方法见应用案例。

表 4.1　简单荷载作用下梁的挠度和转角

序号	梁的简图	挠曲线方程	端截面转角	最大挠度
1		$v=-\dfrac{mx^2}{2EI}$	$\theta_B=-\dfrac{ml}{EI}$	$f_B=-\dfrac{ml^2}{2EI}$
2		$v=-\dfrac{Px^2}{6EI}(3l-x)$	$\theta_B=-\dfrac{Pl^2}{2EI}$	$f_B=-\dfrac{Pl^3}{3EI}$
3		$v=-\dfrac{Px^2}{6EI}(3a-x)$ $(0\leqslant x\leqslant a)$ $v=-\dfrac{Pa^2}{6EI}(3x-a)$ $(a\leqslant x\leqslant l)$	$\theta_B=-\dfrac{Pa^2}{2EI}$	$f_B=-\dfrac{Pa^2}{6EI}(3l-a)$
4		$v=-\dfrac{qx^2}{24EI}(x^2-4lx+6l^2)$	$\theta_B=-\dfrac{ql^3}{6EI}$	$f_B=-\dfrac{ql^4}{8EI}$
5		$v=-\dfrac{mx}{6EIl}(l-x)(2l-x)$	$\theta_A=-\dfrac{ml}{3EI}$ $\theta_B=\dfrac{ml}{6EI}$	$x=\left(1-\dfrac{1}{\sqrt{3}}\right),$ $f_{\max}=-\dfrac{ml^2}{9\sqrt{3}\,EI}$ $x=\dfrac{l}{2},f_{\frac{l}{2}}=-\dfrac{ml^2}{16EI}$
6		$v=-\dfrac{mx}{6EIl}(l^2-x^2)$	$\theta_A=-\dfrac{ml}{6EI}$ $\theta_B=\dfrac{ml}{3EI}$	$x=\dfrac{l}{\sqrt{3}},$ $f_{\max}=-\dfrac{ml^2}{9\sqrt{3}\,EI}$ $x=\dfrac{l}{2},f_{\frac{l}{2}}=-\dfrac{ml^2}{16EI}$
7		$v=\dfrac{mx}{6EIl}(l^2-3b^2-x^2)$ $(0\leqslant x\leqslant a)$ $v=\dfrac{m}{6EIl}[-x^3+3l(x-a)^2+$ $(l^2-3b^2)x](a\leqslant x\leqslant l)$	$\theta_A=\dfrac{m}{6EIl}(l^2-3b^2)$ $\theta_B=\dfrac{m}{6EIl}(l^2-3a^2)$	

续表

序号	梁的简图	挠曲线方程	端截面转角	最大挠度
8	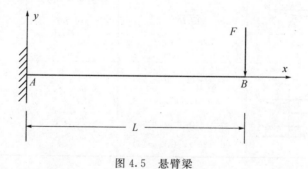	$v=-\dfrac{Px}{48EI}(3l^2-4x^2)$ $\left(0\leqslant x\leqslant\dfrac{l}{2}\right)$	$\theta_A=-\theta_B=-\dfrac{Pl^2}{16EI}$	$f=-\dfrac{Pl^3}{48EI}$
9		$v=-\dfrac{Pbx}{6EIl}(l^2-x^2-b^2)$ $(0\leqslant x\leqslant a)$ $v=-\dfrac{Pb}{6EIl}\left[\dfrac{l}{b}(x-a)^3+\right.$ $\left.(l^2-b^2)x-x^3\right]$ $(a\leqslant x\leqslant l)$	$\theta_A=-\dfrac{Pab(l+b)}{6EIl}$ $\theta_B=\dfrac{Pab(l+a)}{6EIl}$	设 $a>b$, 在 $x=\sqrt{\dfrac{l^2-b^2}{3}}$ 处, $f_{max}=-\dfrac{Pb(l^2-b^2)^{\frac{3}{2}}}{9\sqrt{3}EIl}$ 在 $x=\dfrac{l}{2}$ 处, $f_{\frac{l}{2}}=-\dfrac{Pb(3l^2-4b^2)}{48EI}$
10		$v=-\dfrac{qx}{24EI}(l^3-2lx^2+x^2)$	$\theta_A=-\theta_B=-\dfrac{ql^3}{24EI}$	$f=-\dfrac{5ql^4}{384EI}$

表 4.1 中梁的挠曲线方程,表达了梁在荷载作用下平面弯曲时变形的曲线。梁的挠曲线方程是依据梁在小变形的情况下,变形曲线的曲率等于杆件发生的挠度 v 对 x 的二阶导数,简单荷载作用下梁的挠曲线方程推导从略。

4.1.3　教学应用案例

应用案例 4-1　已知梁的抗弯刚度为 EI。试求图 4.5 悬臂梁在集中力 P 作用下 B 截面的转角 θ_B 和挠度 f_B。已知 $L=4\mathrm{m}$, $F=20\mathrm{kN}$。

图 4.5　悬臂梁

解　查表 4.1 可知:

$$\theta_B = -\frac{Fl^2}{2EI} = -\frac{20 \times 4^2}{2EI} = -\frac{160}{EI}\ (\cup)$$

$$f_B = -\frac{Fl^3}{3EI} = -\frac{20 \times 4^3}{3EI} = -\frac{1280}{3EI}\ (\downarrow)$$

应用案例 4-2　已知梁的抗弯刚度为 EI,跨度为 6m。试求图 4.6 简支梁在均布载荷 $q=3$kN 作用下跨中截面 C 的挠度 f_C。

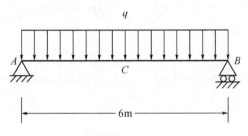

图 4.6　简支梁

解　查表 4.1 可知:

$$f_C = -\frac{5ql^4}{384EI} = -\frac{5 \times 3 \times 6^4}{384EI} = -\frac{405}{8EI}\ (\downarrow)$$

应用案例 4-3　已知悬臂梁的抗弯刚度为 EI,梁长 $l=1.5$m,受集中荷载 $F=32$kN,均布线荷载 $q=2$kN/m 作用,试计算图 4.7 悬臂梁 B 点的挠度 f_B。

解　(1)利用叠加法将图 4.7(a)荷载分解为图 4.7(b)、图 4.7(c)。

(2)悬臂梁 B 点的挠度 f_B 如图 4.7(d)所示。

(3)分别计算图 4.7(e)、(f)的挠度。

查表 4.1 可知:

$$f_{BF} = -\frac{Fl^3}{3EI} = -\frac{32 \times 1.5^3}{3EI} = -\frac{36}{EI}\ (\downarrow)$$

$$f_{Bq} = -\frac{ql^4}{8EI} = -\frac{2 \times 1.5^4}{8EI} = -\frac{27}{EI}\ (\downarrow)$$

(4)叠加计算挠度 f_B:

$$f_B = f_{BF} + f_{Bq} = -\frac{36}{EI} - \frac{27}{EI} = -\frac{972}{EI}\ (\downarrow)$$

教学中受弯构件刚度计算其实质是计算构件的挠度(线位移)和转角(角位移),计算过程中可直接查表 4.1,若有两个以上的荷载在计算过程中可以利用叠加法计算。

EI 称为受弯构件的刚度,由应用案例可知,EI 大,受弯构件变形小,在土木工程中为了减少构件或结构的变形往往采用加大刚度的措施。对挠曲线方

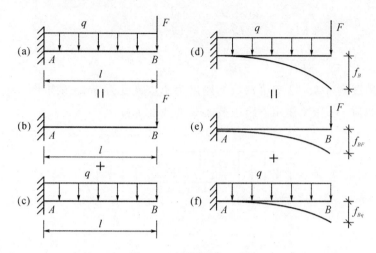

图 4.7 应用案例 4-3 图

程求一阶导数即等于转角方程。

4.2 刚架的变形分析与计算教学

4.2.1 刚架的变形分析与计算教学内容

1.概述

静定结构的位移计算是建筑力学分析的一项重要内容,也是超静定结构内力分析的基础。计算位移的目的有两个:①刚度验算;②超静定结构分析的基础。

产生位移的主要因素有下列三种:①荷载;②温度变化、材料胀缩;③支座沉降、制造误差。本章只讨论线性变形体系的位移计算,计算的理论基础是虚功原理,计算的方法是单位荷载法。

线性变形体系是指位移与荷载呈线性关系的体系,当荷载全部撤除后,位移将全部消失。线性变形体系的应用条件是:

(1)材料处于弹性阶段,应力与应变成正比。

(2)结构变形微小,不影响力的作用。

线性变形体系也称为线性弹性体系,它的应用条件也是叠加原理的应用条件,所以,对线性变形体系的计算,可以应用叠加原理。

2.虚功和虚功原理

(1)实功和虚功。如图 4.8 所示,荷载由零增大到 P_1,其作用点的位移也由零增大到 Δ_{11},对线弹性体系 P 与 Δ 成正比。其中 Δ_{ij} 中第一个下标表示位移的性质,第二个下标表示产生位移的原因。如 Δ_{12} 表示在 P_1 作用的位置上由 P_2 产生的位移。

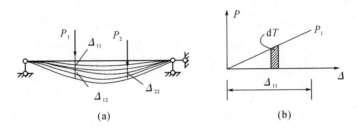

$$(a) \qquad\qquad (b)$$

图 4.8　梁的变形及应力应变关系

$$dT = P \cdot d\Delta$$

$$T_{11} = \int dT = \frac{1}{2} P_1 \Delta_{11}$$

再加 P_2,P_2 在自身引起的位移 Δ_{22} 上做功为:

$$T_{22} = \frac{1}{2} P_2 \Delta_{22}$$

在 Δ_{12} 过程中,P_1 的值不变,$T_{12} = P_1 \Delta_{12}$,Δ_{12} 与 P_1 无关。

实功是力在自身引起的位移上所做的功。如 T_{11}、T_{22},实功恒为正。虚功是力在其他原因产生的位移上做的功。如 T_{12},若力与位移同向,虚功为正,若为反向,虚功为负。

(2)广义力和广义位移。做功的两方面因素:力、位移。与力有关的因素,称为广义力 F;与位移有关的因素,称为广义位移 Δ。广义力与广义位移的关系是:它们的乘积是虚功,即:$T = F\Delta$。

①广义力是单个力,则广义位移是该力的作用点的位移在力作用方向上的分量。

②广义力是一个力偶,则广义位移是它所作用的截面的转角。

③若广义力是等值、反向的一对力 P,则

$$T = P\Delta_A + P\Delta_B = P(\Delta_A + \Delta_B) = P\Delta$$

④若广义力是一对等值、反向的力偶 M,则

$$T = M\varphi_A + M\varphi_B = M(\varphi_A + \varphi_B)$$

这里 Δ 是与广义力相对应的广义位移。

变形体虚功原理的具体表述为：设变形体系在力系作用下处于平衡状态（力状态），又设该变形体系由于其他与上述力系无关的原因发生符合约束条件的微小的连续变形（位移状态），则力状态下的外力在位移状态的相应位移上所做的外力虚功的总和（记为 W_e），等于力状态中变形体的内力在位移状态的相应变形上所做内力虚功的总和（W_i），即 $W_e = W_i$（外力虚功等于内力虚功）。

当计算结构某指定的位移时应取结构的实际状态为位移状态如图 4.9(a) 所示，再根据所要求的未知位移虚设一个力状态如图 4.9(b) 所示，然后根据虚功方程求出所要求的位移。其中虚拟的力状态与结构的实际状态毫无关系，完全可以根据需要而拟设，但它应该是一个平衡状态，其上作用的力系满足平衡条件。

3. 荷载作用下的位移计算

结构位移计算的一般公式：

微段位移：$\mathrm{d}\Delta = (\overline{M}\kappa + \overline{N}\epsilon + \overline{V}\gamma_0)\mathrm{d}s$

微段变形如图 4.10 所示。

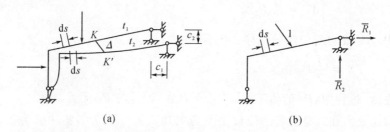

(a)　　　　　　　　　　　　(b)

图 4.9　杆件的实际和虚拟状态

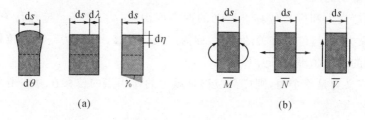

(a)　　　　　　　　　　　　(b)

图 4.10　微元体的变形

一根杆件各个微段变形引起的位移总和：

$$\Delta = \int \mathrm{d}\Delta = (\overline{M}\kappa + \overline{N}\epsilon + \overline{V}\gamma_0)\mathrm{d}s$$

如果结构由多个杆件组成，则整个结构变形引起某点的位移为：

$$\Delta = \sum \int (\overline{M}\kappa + \overline{N}\epsilon + \overline{V}\gamma_0) \mathrm{d}s$$

若结构的支座还有位移，则总的位移为：

$$\Delta = \sum \int (\overline{M}\kappa + \overline{N}\epsilon + \overline{V}\gamma_0) \mathrm{d}s - \sum \overline{R}_k c_k$$

以上公式中的 $\overline{M}$、$\overline{N}$、$\overline{V}$、$\overline{R}_k$ 表示虚拟单位荷载作用下产生的弯矩、轴力、剪力和支座反力。它们的适用范围与特点：

（1）适用于小变形，可用叠加原理。

（2）形式上是虚功方程，实质上是几何方程。

关于公式普遍性的讨论：

（1）变形类型：轴向变形、剪切变形、弯曲变形。

（2）变形原因：荷载与非荷载。

（3）结构类型：各种杆件结构。

（4）材料种类：各种变形固体材料。

位移计算公式也是变形体虚功原理的一种表达式。

外虚功：$W_e = 1 \cdot \Delta + \sum \overline{R}_k c_k$

内虚功：$W_i = \sum \int (\overline{M}k + \overline{N}\epsilon + \overline{V}\gamma_0) \mathrm{d}s$

变形体虚功原理：各微段内力在应变上所做的内虚功总和 W_i，等于荷载在位移上以及支座反力在支座位移上所做的外虚功总和 W_e。即：

$$1 \cdot \Delta + \sum \overline{R}_k c_k = \sum \int (\overline{M}k + \overline{N}\epsilon + \overline{V}\gamma_0) \mathrm{d}s$$

结构的实际变形和虚力状态如图 4.11 所示。

位移计算的一般步骤：

建立虚力状态：在待求位移方向上加单位力；

求虚力状态下的内力及反力；

用位移公式计算所求位移，注意正负号问题。

具体计算步骤如下：

（1）在荷载作用下建立 M_P、N_P 和 V_P 的方程，可经荷载→内力→应力→应变过程推导应变的表达式。

（2）由上面的内力计算应变，其表达式由材料力学知：

$$k = \frac{M_P}{EI}, \epsilon = \frac{N_P}{EA}, \gamma_0 = k \frac{V_P}{EA}$$

在 γ_0 的表达式中，k 为考虑切应力在横截面上分布不均匀而引入的修正系

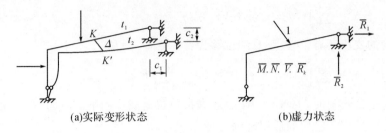

(a)实际变形状态   (b)虚力状态

图 4.11 结构的实际变形和虚力状态

数,其数值与截面的形状有关:

矩形截面: $k = 1.2$

圆形截面: $k \approx 1.1$

薄壁圆环截面: $k = 2$

工字形截面: $k = \dfrac{A}{A_f}$(A_f 为腹板截面积)

(3)荷载作用下的位移计算公式:

$$\Delta = \sum \int \frac{\overline{M}M_P}{EI}\mathrm{d}s + \sum \int \frac{\overline{N}N_P}{EA}\mathrm{d}s + \sum \int \frac{k\overline{V}V_P}{GA}\mathrm{d}s$$

式中:右边三项分别代表结构的弯曲变形、轴向变形和剪切变形对所求位移的影响。

在实际计算中,根据结构的受力及变形特点,常常忽略一些次要因素,而只考虑其中的一项或两项。

对于梁和刚架,位移主要是弯曲变形所引起的,轴向变形和剪切变形的影响很小,可以略去不计,故位移计算公式可简化为:

$$\Delta = \sum \int \frac{\overline{M}M_P}{EI}\mathrm{d}s$$

4.图乘法

计算梁或刚架在荷载作用下的位移时,需要先列出 $\overline{M}$ 和 M_P 的表达式,然后代入相关公式进行计算。对于积分 $\sum \int \dfrac{\overline{M}M_P}{EI}\mathrm{d}s$,如果满足以下三个条件,便可采用图乘法来代替积分计算,使计算简化:杆件轴线为直线;抗弯刚度 EI 为常数;弯矩图 $\overline{M}$ 和 M_P 中至少有一个是直线图形。如图 4.12 所示。

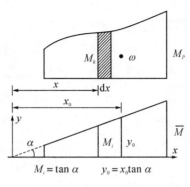

图 4.12　弯矩图

$$\int \frac{\overline{M}M_P}{EI}\mathrm{d}s = \int \frac{\overline{M}M_P}{EI}\mathrm{d}x = \frac{1}{EI}\int \overline{M}M_P\,\mathrm{d}x$$

$$= \frac{1}{EI}\int M_k x\tan\alpha\,\mathrm{d}x = \frac{1}{EI}\tan\alpha\int M_k x\,\mathrm{d}x$$

$$= \frac{1}{EI}\tan\alpha\omega x_0 = \frac{\omega y_0}{EI}$$

所以

$$\Delta = \sum\int \frac{\overline{M}M_P}{EI}\mathrm{d}s = \sum \frac{\omega y_0}{EI}$$

注意：$\sum$ 表示对各杆和各杆段分别图乘再相加；竖标 y_0 取在直线图形中，对应另一图形的形心处。如遇到折线图形应分段进行图乘；面积 ω 与竖标 y_0 在杆的同侧，ω 和 y_0 取正号，否则取负号。

在应用图乘法时，需要知道某些图形的面积及图形形心的位置。为应用方便，现将经常遇到的几种简单图形的面积及其形心位置列于图 4.13，各抛物线图形中的"顶点"是指其切线平行于底边的点，而顶点在中点或端点的抛物线则称为标准抛物线。

对于非标准图形的弯矩图图乘，如梯形与梯形如图 4.14 所示。

$$\int M_i M_k\,\mathrm{d}x = \omega_1 y_1 + \omega_2 y_2$$

其中　　$y_1 = \dfrac{2}{3}c + \dfrac{1}{3}d,\ y_2 = \dfrac{1}{3}c + \dfrac{2}{3}d$

所以　　$\displaystyle\int M_i M_k\,\mathrm{d}x = \dfrac{1}{6}(2ac + 2bd + ad + bc)$

图 4.15 所示为具有正、负两部分的直线图形，仍可将 M_P 图分成两个三角形，但一个在基线上侧，另一个在基线下侧。按照以上方法进行图乘，在叠加

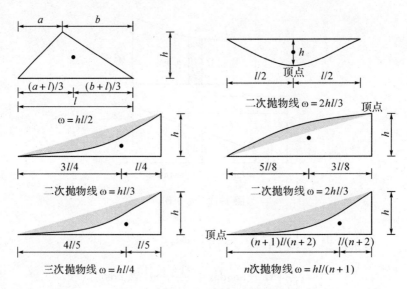

图 4.13　常见几何图形的面积及形心

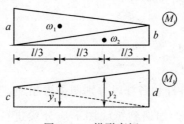

图 4.14　梯形弯矩

时,只需注意竖标 y_a 和 y_b 的计算,其计算表达式分别为

$$y_a = \frac{2}{3}c - \frac{1}{3}d \; , \quad y_b = \frac{1}{3}c - \frac{2}{3}d$$

于是

$$\int \overline{M}M_P \, \mathrm{d}x = \omega_a y_a + \omega_b y_b = \frac{1}{2}al\left(\frac{2c}{3} - \frac{d}{3}\right) + \frac{1}{2}bl\left(\frac{c}{3} - \frac{2d}{3}\right)$$

各种直线形乘直线形,都可以用以上两个公式处理。如竖标在基线同侧乘积取正,否则取负。

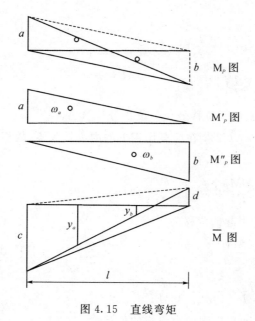

图 4.15　直线弯矩

4.2.2　教学应用案例

应用案例 4-4　试计算图 4.16(a)悬臂梁 A 点的竖向位移 Δ_{AV} ，$EI = C$ 。

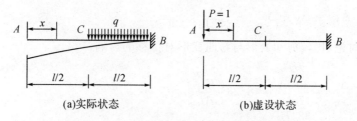

(a)实际状态　　　　　　　　　(b)虚设状态

图 4.16　悬臂梁的实际受力和虚设状态

解　(1)列出两种状态的内力方程：

AC 段 $\left(0 \leqslant x \leqslant \dfrac{l}{2}\right)$

$$\begin{cases} N_P = 0 \\ V_P = 0 \\ M_P = 0 \end{cases} \quad \begin{cases} \overline{N} = 0 \\ \overline{V} = -1 \\ \overline{M} = -x \end{cases}$$

CB 段 $\left(\dfrac{l}{2} \leqslant x \leqslant l\right)$

$$\begin{cases} N_P = 0 \\ V_P = -q\left(x - \dfrac{l}{2}\right) \\ M_P = -\dfrac{q}{2}\left(x - \dfrac{l}{2}\right)^2 \end{cases} \qquad \begin{cases} \overline{N} = 0 \\ \overline{V} = -1 \\ \overline{M} = -x \end{cases}$$

(2)将上面各式代入位移公式分段积分计算 Δ_{AV}：

AC 段 $(0 \leqslant x \leqslant l/2)$，在荷载作用下的内力均为零,故积分也为零。

CB 段 $(l/2 \leqslant x \leqslant l)$,有

$$\Delta = \int_{\frac{l}{2}}^{l} \frac{\overline{M} M_P}{EI} dx + \int_{\frac{l}{2}}^{l} \frac{k\overline{V} V_P}{GA} dx$$

上式中由弯矩引起的位移为

$$\Delta_M = \int_{\frac{l}{2}}^{l} \frac{\overline{M} M_P}{EI} dx = \frac{1}{EI} \int_{\frac{l}{2}}^{l} -x \left[-\frac{q}{2} \cdot (x - \frac{l}{2})^2 \right] dx$$

$$= \frac{q}{2EI} \cdot \frac{7l^4}{192} = \frac{7ql^4}{384EI} (\downarrow)$$

设矩形截面 $k = 1.2$,则剪力引起的位移为

$$\Delta_V = \int_{\frac{l}{2}}^{l} \frac{k\overline{V} V_P}{GA} dx = \int_{\frac{l}{2}}^{l} 1.2(-1)\left[-q\left(x - \frac{l}{2}\right) \right] \frac{dx}{GA} = \frac{3ql^2}{20GA} (\downarrow)$$

所以悬臂梁 A 点的竖向位移为

$$\Delta_{AV} = \Delta_M + \Delta_V = \frac{7ql^4}{384EI} + \frac{3ql^2}{20GA}$$

(3)讨论:比较剪切变形与弯曲变形对位移的影响。

$$\frac{\Delta_V}{\Delta_M} = \frac{\dfrac{3ql^2}{20GA}}{\dfrac{7ql^4}{384EI}} = 8.23 \frac{EI}{GAl^2}$$

设材料的泊松比 $\mu = \dfrac{1}{3}$,由材料力学公式 $\dfrac{E}{G} = 2(1 + \mu) = \dfrac{8}{3}$,设矩形截面的宽度为 b、高度为 h,则有 $A = bh$,$I = bh^3/12$,代入上式:

$$\frac{\Delta_V}{\Delta_M} = 8.23 \frac{EI}{GAl^2} = 8.23 \times \frac{8}{3} \times \frac{1}{12}\left(\frac{h}{l}\right)^2 = 1.83\left(\frac{h}{l}\right)^2$$

当 $\dfrac{h}{l} = \dfrac{1}{10}$ 时,$\dfrac{\Delta_V}{\Delta_M} = 1.83\%$;当 $\dfrac{h}{l} = \dfrac{1}{5}$ 时,$\dfrac{\Delta_Q}{\Delta_M} = 7.32\%$。

所以,在计算受弯构件的位移时,一般情况下剪力的影响可以忽略。

应用案例 4-5 求图 4.17 所示等截面梁 B 端转角。

(1)建立图示坐标系,将一虚拟单位力偶加到 B 支座处,如图 4.18 所示。

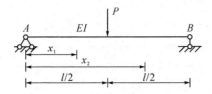

图 4.17 简支梁的实际受力状态

图 4.18 简支梁的虚拟受力状态

（2）列出弯矩方程，注意 M_P 必须分段：

$$\overline{M}(x) = -\frac{x}{l}(0 \leqslant x \leqslant l)$$

$$M_P(x) = \frac{Px}{2}\left(0 \leqslant x \leqslant \frac{l}{2}\right)$$

$$M_P(x) = \frac{P(l-x)}{2}\left(\frac{l}{2} \leqslant x \leqslant l\right)$$

（3）计算 B 支座的角位移：

$$\Delta_B = \int_0^l \frac{\overline{M}M_P}{EI}\mathrm{d}x$$

$$= \frac{1}{EI}\int_0^{\frac{l}{2}} \frac{Px}{2} \cdot \left(-\frac{x}{l}\right)\mathrm{d}x + \frac{1}{EI}\int_{\frac{l}{2}}^l \frac{P(l-x)}{2} \cdot \left(-\frac{x}{l}\right)\mathrm{d}x$$

$$= -\frac{Pl^2}{16EI}(\curvearrowleft)$$

应用案例 4-6 求图 4.19 外臂梁上点 C 的竖向位移 Δ_{CV}。已知梁的抗弯刚度 EI 为常数。

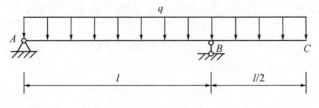

图 4.19 外臂梁

解 （1）在 C 点虚加一竖向单位力 $\overline{F}=1$，绘出 M 图和 $\overline{M}$ 图，分别如图 4.20(a)、(b)所示。

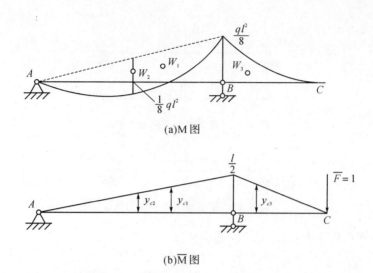

(a)M 图

(b)$\overline{M}$ 图

图 4.20 外臂梁的实际受力和虚拟状态

（2）AB 段的 M 图可以分解为一个三角形和一个标准抛物线形；BC 段的 M 图为一标准抛物线形。M 图中各部分面积与相应 $\overline{M}$ 图的竖标分别为：

$$w_1 = \frac{1}{2} \times l \times \frac{ql^2}{8} = \frac{ql^3}{16}, y_{c1} = \frac{2}{3} \times \frac{l}{2} = \frac{l}{3}$$

$$w_2 = \frac{2}{3} \times l \times \frac{ql^2}{8} = \frac{ql^3}{12}, y_{c2} = -\frac{1}{2} \times \frac{l}{2} = -\frac{l}{4}$$

$$w_3 = \frac{1}{3} \times \frac{l}{2} \times \frac{ql^2}{8} = \frac{ql^3}{48}, y_{c3} = \frac{3}{4} \times \frac{l}{2} = \frac{3l}{8}$$

将以上数据代入图乘法公式可得 C 点的竖向位移为

$$\Delta_{CV} = \frac{1}{EI}\left[\frac{ql^3}{16} \times \frac{l}{3} + \frac{ql^3}{12} \times \left(-\frac{l}{4}\right) + \frac{ql^3}{48} \times \frac{3l}{8}\right] = \frac{ql^4}{128EI}(\downarrow)$$

计算结果为正，说明 Δ_{CV} 的实际方向与虚设的单位力方向一致。

应用案例 4-7 试求图 4.21 等截面简支梁 C 截面的转角。

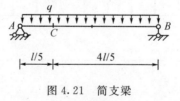

图 4.21 简支梁

解 在 C 截面加上一虚拟单位力偶。作出 M_P 图和 $\overline{M}$ 图（见图 4.22(a)和 (b)）。

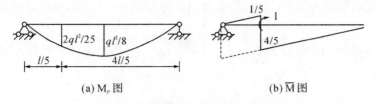

(a) M_P 图　　　　　(b) $\overline{M}$ 图

图 4.22　简支梁的实际和虚拟受力状态

将相关数据代入图乘法公式得：

$$\theta_c = \sum \frac{wy_c}{EI} = \frac{1}{EI}\Big[\frac{2}{3} \times \frac{ql^2}{8} \times l \times \frac{1}{2} - \Big(\frac{1}{2} \times \frac{l}{5} \times \frac{2ql^2}{25} +$$

$$\frac{2}{3} \times \frac{l}{5} \times \frac{ql^2}{8 \times 25}\Big) \times 1\Big]$$

$$= \frac{33ql^3}{100EI}(\cup)$$

应用案例 4-8　试计算图 4.23 悬臂刚架 D 点的水平位移 Δ_{DH}，$EI =$ 常数。

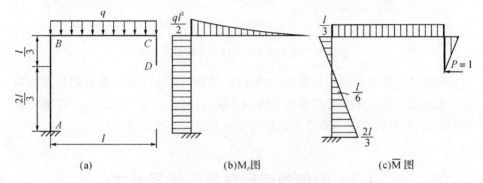

(a)　　　　　　(b)M_P图　　　　　　(c)$\overline{M}$ 图

图 4.23　悬臂刚架的弯矩图

解　在 D 点加一虚拟单位水平荷载 $P = 1$ 作为虚拟状态，作出 M_P 图和 $\overline{M}$ 图如图 4.23(b)、(c)所示。图乘时面积 w 取自 M_P 图，在 $\overline{M}$ 图中取竖标 y_c，则

$$\Delta_{DH} = \sum \frac{wy_c}{EI} = \frac{1}{EI}\Big[\frac{1}{3} \times \frac{ql^2}{2} \times l \times \frac{l}{3} - \frac{ql^2}{2} \times l \times$$

$$\Big(\frac{1}{2} \times \frac{2l}{3} - \frac{1}{2} \times \frac{l}{3}\Big)\Big]$$

$$= -\frac{ql^4}{36EI}(\rightarrow)$$

应用案例 4-9　求图 4.24 刚架杆端 A、B 之间的相对水平线位移 Δ_{ABH}。已知各根杆件的抗弯刚度 EI 为常数。

解　为求杆端 A、B 间的相对水平线位移，须在 A、B 处虚设一对大小相等、

方向相反的单位力 $P=1$，然后绘制出相应的 M_P 图和 $\overline{M}$ 图，分段进行图乘并相加即可。

作出的 M_P 图和 $\overline{M}$ 图如图 4.24(b)、(c)所示，将相应的数据代入图乘法公式可得：

$$\Delta_{ABH} = \sum \frac{wy_c}{EI} = \frac{1}{EI}\left(\frac{2}{3} \times 40 \times 4 \times 4 + 0\right)$$

$$= \frac{1280}{3EI}(\rightarrow \ \leftarrow)$$

计算结果为正，说明 A、B 间的相对水平线位移与所加的单位力方向一致。

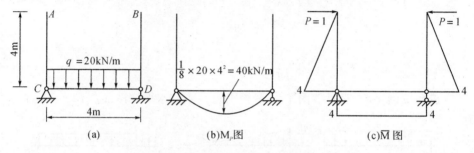

图 4.24　简支刚架的实际和虚拟受力状态

教学中计算静定结构位移时，要重点把握好所加虚拟单位荷载的位置及种类。如求角位移时加一虚拟单位力偶，求线位移时加一虚拟单位力。特别需要注意的是，虚拟假设的力和位移都是广义的力和广义的位移。

4.3　桁架的变形分析与计算教学

4.3.1　桁架的变形分析与计算教学内容

由荷载作用下的位移计算公式：

$$\Delta = \sum \int \frac{\overline{M}M_P}{EI}\mathrm{d}s + \sum \int \frac{\overline{N}N_P}{EA}\mathrm{d}s + \sum \int \frac{k\overline{V}V_P}{GA}\mathrm{d}s$$

对于桁架，由于各杆只受轴力的作用，故荷载作用下的位移计算公式只考虑轴向变形一项，桁架每根杆件的抗拉刚度 EA、轴力 $\overline{N}$ 和 N_P 均为常数，因此位移计算公式可简化为：

$$\Delta = \sum \int \frac{\overline{N}N_P}{EA}\mathrm{d}s = \sum \frac{\overline{N}N_P}{EA}\int \mathrm{d}s = \sum \frac{\overline{N}N_P l}{EA}$$

4.3.2 教学应用案例

应用案例 4-10 试计算图 4.25 桁架结构在 D 点的竖向位移 Δ_{DV}。

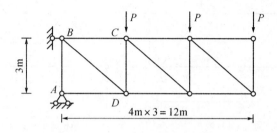

图 4.25 简支桁架

解 在 D 点加一虚拟单位力 $P=1$，算出该桁架在荷载和虚拟单位力作用下的各杆件轴力如图 4.26(a)、(b)所示。

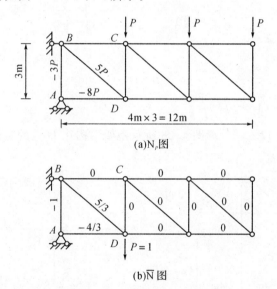

(a)N_P图

(b)$\overline{N}$图

图 4.26 桁架内力计算

将以上杆件中数据代入位移计算公式，得：

$$\Delta_{DV} = \sum \frac{\overline{N} N_P}{EA} = \sum \frac{\overline{N} N P}{EA}$$

$$= \frac{1}{EA}\left[3P \times 1 \times 3 + 5P \times \frac{5}{3} \times 5 + 8P \times \frac{4}{3} \times 4 \right]$$

$$= \frac{280P}{3EA}(\downarrow)$$

应用案例 4-11 图 4.27(a)桁架各杆的 EA 相等,试计算图示桁架结构在 C 点的竖向位移 Δ_{CV}。

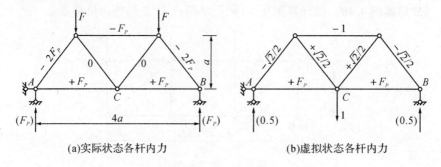

(a)实际状态各杆内力   (b)虚拟状态各杆内力

图 4.27　桁架结构

$$\Delta_{CV} = \sum \frac{F\bar{N}Nl}{EA}$$

$$= \frac{1}{EA}\Big[2\times\Big(-\frac{\sqrt{2}}{2}\Big)(-\sqrt{2}F)\times\sqrt{2}a + (-1)(-F)2a +$$

$$2\times\frac{1}{2}F\times 2a\Big]$$

$$= (4+2\sqrt{2})\frac{Fa}{EA}$$

应用案例 4-12 试计算图 4.28 所示桁架结构在 D 点的竖向位移 Δ_{DV}。

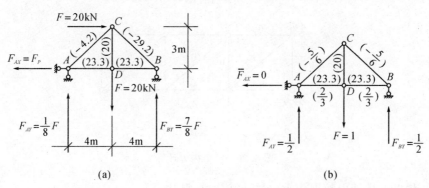

(a)   (b)

图 4.28　桁架结构

解　$\Delta_{DV} = \sum \dfrac{F N \bar{N} l}{EA} = \big[(-5/6)(-4.2)\times 5 + (-5/6)(-29.2)\times 5 +$

$$1\times 20\times 3 + (2/3)(23.3)\times 4\times 2\big]/EA$$

$$= 2.643\times 10^{-3}\,\text{m}(\downarrow)$$

第5章 "三力一变"四项力学核心能力的课程标准

5.1 土木工程实用力学教学大纲

课程编码:JGB102-03

学分:7　　　　　总学时:128　　　　实践:12　　　　讲课:116

开课对象:建筑工程技术专业(普高毕业生)一年级

5.1.1 课程的性质、目的与任务

土木工程实用力学是建设水利类建筑工程和水利工程专业的一门重要专业基础课,通过本课程的学习,使学生系统地掌握力学基本知识、基本理论、基本技能和职业素养,为后续专业课学习、完成专项施工方案毕业设计、考取职业资格证书打下良好的基础。

本课程的主要任务:理论教学,突出以外力(荷载、约束反力)的分析与计算、内力(轴力、剪力、弯矩)的分析与计算、应力的分析与计算、变形的分析与计算,形成"三力一变"为核心的新型教学模块和知识单元;实验教学,对传统验证性"轴向拉伸与压缩"实验项目进行改革,按职业岗位能力要求进行实用性的"钢筋强度"、"钢筋塑性指标"、"钢筋冷弯性能"等检测能力的培养;实训教学,建立与专业培养目标相适应的"教、学、做"一体的结构内力上机实训,把传统手算与现代计算机计算相结合,培养学生结构建模、连续梁内力计算、框架结构内力计算能力,实现传统与现代、基础与前沿的优化组合。

5.1.2 课程的内容与基本要求

本课程在内容组织与安排上遵循学生职业能力培养的基本规律,以外力的分析与计算、内力的分析与计算、应力的分析与计算、变形的分析与计算"三力一变"四项力学核心能力为课程内容,并按理论教学、实验教学、实训教学"三位

理实一体"的教学体系实施。主要解决力学课程在强度、稳定性计算方面使用的标准与我国设计规范不符合的问题;解决传统验证性"轴向拉伸与压缩"、"应力电测"、"梁的变形"等实验,不符合高端技能型人才培养目标的问题;解决超静定结构内力计算复杂、针对性不强问题;课程内容与岗位任务关联度低的问题。课程内容模块、主题学习单元及基本要求如表5.1所示。

表5.1 土木工程实用力学课程内容

模块	单元	课程内容		基本要求
	绪论	课程体系与任务,课程的研究对象,课程研究的内容,学习课程的意义		初步了解土木工程实用力学学习目的、内容和任务及学习课程的意义
1.静力学基础	静力学的基础知识	技能内容	(1)荷载计算; (2)受力分析和画受力图	(1)荷载计算实例; (2)熟练进行受力分析和画受力图
		知识内容	(1)荷载的概念; (2)静力学四个公理; (3)约束及约束反力; (4)物体的受力分析和画物体受力图	(1)了解荷载的概念,掌握荷载的分类; (2)掌握静力学四个公理; (3)熟悉约束及约束反力; (4)掌握物体的受力分析和画物体受力图
2.平面力系平衡方程及应用	平面汇交力系	技能内容	(1)力的投影、力矩、力偶矩计算; (2)应用平衡方程求解平面汇交力系的平衡问题	(1)能熟练进行力的投影、力矩、力偶矩计算; (2)熟练应用平衡方程求解平面汇交力系的平衡问题
		知识内容	(1)力的投影、力矩、力偶矩计算; (2)合力投影定理、合力矩定理; (3)力偶及其性质; (4)平面特殊力系平衡方程	(1)掌握力的投影、力矩、力偶矩计算; (2)熟悉合力投影定理、合力矩定理; (3)了解力偶及其性质; (4)掌握平面汇交力系平衡方程
	平面一般力系	技能内容	应用平衡方程求解物体和物体系的平衡问题	熟练应用平衡方程求解物体和物体系的平衡问题
		知识内容	(1)力的平移定理及平面一般力系的简化; (2)平面一般力系平衡方程	(1)熟悉力的平移定理及平面一般力系的简化; (2)掌握平面一般力系平衡方程

续表

模块	单元	课程内容		基本要求
3.结构简化与几何组成分析	结构的简化	技能内容	(1)结构构件梁、板、柱计算简图形成技能；(2)结构计算简图形成技能	(1)掌握结构构件梁、板、柱计算简图形成技能；(2)掌握结构构件计算简图形成技能
		知识内容	(1)梁、板、柱简化的内容与过程；(2)结点的简化，多跨梁的简化，拱的简化，刚架的简化，桁架的简化，组合结构的简化方法与过程	(1)梁、板、柱的简化；(2)多跨梁的简化；(3)刚架的简化；(4)桁架的简化；(5)组合结构的简化
	平面体系的几何组成分析	技能内容	应用几何不变体系的组成规则，对平面体系进行几何组成分析	会应用几何不变体系的组成规则，对平面体系进行几何组成分析
		知识内容	(1)体系自由度、约束的概念；(2)几何不变体系的组成规则，对简单体系作几何组成分析；(3)静定与超静定结构概念	(1)理解体系自由度、约束的概念；(2)掌握几何不变体系的组成规则，能对简单体系作几何组成分析；(3)了解静定与超静定结构概念
4.静定结构的内力分析	轴心拉(压)构件	技能内容	(1)轴力计算；(2)绘制轴力图	具有轴力计算并绘制轴力图的能力
		知识内容	(1)变形固体的概念及其基本假设；构件变形的基本形式；轴向拉抻与压缩变形的受力特点和变形特点；(2)内力的概念，内力及轴力图绘制方法	(1)了解变形固体的概念及其基本假设；构件变形的基本形式；轴向拉抻与压缩变形的受力特点和变形特点；(2)了解内力的概念，掌握求内力及轴力图绘制方法

续表

模块	单元		课程内容	基本要求
4.静定结构的内力分析	受弯构件	技能内容	(1)计算梁指定截面内力; (2)绘制梁内力图	(1)熟练掌握计算梁指定截面内力; (2)熟练掌握绘制梁内力图
		知识内容	(1)弯曲变形的受力特点、变形特点和平面弯曲的概念; (2)平面弯曲梁的剪力和弯矩概念及其计算;弯矩、剪力和分布荷载集度之间的微分关系及其在绘制剪力图、弯矩图中的应用; (3)叠加法在绘制弯矩图中的应用	(1)了解弯曲变形的受力特点、变形特点和平面弯曲的概念; (2)掌握平面弯曲梁的剪力和弯矩概念及其计算;掌握弯矩、剪力和分布荷载集度之间的微分关系及其在绘制剪力图、弯矩图中的应用; (3)掌握叠加法在绘制弯矩图中的应用
	静定结构内力计算	技能内容	绘制多跨静定梁、静定平面刚架、静定平面桁架的内力图;三铰拱的内力计算	会绘制多跨静定梁、静定平面刚架、静定平面桁架的内力图;了解三铰拱的特点和内力计算方法
		知识内容	(1)多跨静定梁、桁架、刚架的内力计算和内力图的绘制; (2)三铰拱的特点及内力的计算方法,以及静定组合结构的内力计算	(1)掌握多跨静定梁、桁架、刚架的内力计算和内力图的绘制; (2)了解三铰拱的特点及内力的计算方法,以及静定组合结构的内力计算
5.结构构件的应力计算	截面的几何性质	技能内容	(1)计算简单截面图形的惯性矩、极惯性矩、惯性积、惯性半径; (2)计算组合截面图形的惯性矩	(1)会计算简单截面图形的惯性矩、极惯性矩、惯性积、惯性半径; (2)能用平行移轴公式计算组合截面图形的惯性矩
		知识内容	(1)物体的重心、形心、静矩的概念; (2)惯性矩、极惯性矩、惯性半径的概念及计算,平行移轴公式及常见组合截面的惯性矩	(1)了解物体的重心、形心、静矩的概念; (2)掌握惯性矩、极惯性矩、惯性半径的概念及计算,平行移轴公式及常见组合截面的惯性矩

续表

模块	单元	课程内容		基本要求
5.结构构件的应力计算	轴心拉(压)构件	技能内容	(1)轴向拉伸和压缩构件的应力计算; (2)轴向拉伸与压缩构件的变形计算; (3)压杆稳定计算	(1)具有轴向拉伸和压缩构件的应力计算能力; (2)具有轴向拉伸与压缩构件的变形计算能力; (3)会用欧拉公式计算压杆的临界力和临界应力
		知识内容	(1)强度概念,构件横截面正应力计算及应力分布规律; (2)应力、应变关系及轴向拉压杆的变形计算方法; (3)压杆失稳和临界力的概念; (4)提高压杆稳定措施	(1)了解强度概念,掌握构件横截面正应力计算及应力分布规律; (2)掌握应力、应变关系及轴向拉压杆的变形计算方法; (3)了解压杆失稳和临界力的概念; (4)掌握提高压杆稳定措施
	受弯构件	技能内容	(1)梁横截面上的应力计算及应力分布规律; (2)用叠加法求梁指定截面的挠度和转角,梁的刚度条件	(1)熟练掌握梁横截面上的应力计算及应力分布规律; (2)会用叠加法求梁指定截面的挠度和转角,理解梁的刚度条件
		知识内容	(1)梁横截面上的正应力、剪应力的分布规律及其计算公式; (2)梁的挠度、转角的概念; (3)叠加法求梁指定截面的挠度和转角的方法及梁的刚度条件的应用	(1)掌握梁横截面上的正应力、剪应力的分布规律及其计算公式; (2)了解梁的挠度、转角的概念; (3)掌握叠加法求梁指定截面的挠度和转角的方法及梁的刚度条件的应用
	组合变形构件	技能内容	联系工程实例进行组合变形的应力计算及确定截面应力分布	能联系工程实例进行组合变形的应力计算及确定截面应力分布
		知识内容	(1)组合变形的概念; (2)拉、压弯组合变形;偏心受拉、受压组合变形的应力计算方法	(1)了解组合变形的概念; (2)掌握拉、压弯组合变形;偏心受拉、受压组合变形的应力计算方法

续表

模块	单元	课程内容		基本要求
5.结构构件的应力计算	剪切与扭转	技能内容	(1)剪切面、挤压面的计算； (2)连接件的剪切、挤压应力的实用计算； (3)圆轴扭转时的内力计算； (4)圆轴扭转横截面上应力计算及分布规律	(1)掌握连接件的剪切、挤压应力的实用计算； (2)掌握圆轴扭转横截面上应力计算及分布规律
		知识内容	(1)剪切变形、挤压变形的受力特点和变形特点； (2)剪切面、挤压面的特征及其计算，连接件的剪切、挤压应力的实用计算； (3)圆轴扭转变形的受力特点和变形特点；扭转时的内力计算；扭转圆轴横截面上应力分布规律	(1)了解剪切变形、挤压变形的受力特点和变形特点； (2)了解剪切面、挤压面的特征及其计算；掌握连接件的剪切、挤压应力的实用计算方法； (3)了解圆轴扭转变形的受力特点和变形特点；掌握扭转时的内力计算；理解扭转圆轴横截面上应力计算及分布规律
6.静定结构的位移计算	位移计算	技能内容	用图乘法解静定结构的位移及静定结构由于支座移动和温度变化引起位移的计算	能用图乘法解静定结构的位移及静定结构由于支座移动和温度变化引起位移的计算
		知识内容	(1)虚功原理,用单位荷载法求静定结构的位移； (2)图乘法； (3)支座沉陷和温度变化引起的位移计算方法； (4)功的互等定理与位移互等定理和反力互等定理	(1)理解虚功原理,以及用单位荷载法求静定结构的位移； (2)掌握图乘法； (3)了解支座沉陷和温度变化引起的位移计算方法； (4)了解功的互等定理与位移互等定理反力互等定理

续表

模块	单元		课程内容	基本要求
7.超静定结构的内力计算	力法	技能内容	用力法对超定结构进行内力计算、对称性的利用、支座移动的计算	能用力法对超定结构进行内力计算、对称性的利用、支座移动的计算
		知识内容	(1)超静定次数的确定方法； (2)力法原理和力法典型方程； (3)力法计算超静定结构的方法； (4)超静定结构由于支座移动引起内力计算方法； (5)静定结构和超静定结构的特点	(1)掌握超静定次数的确定方法； (2)理解力法原理和力法典型方程； (3)掌握力法计算超静定结构的方法； (4)了解超静定结构由于支座移动引起内力计算方法； (5)了解静定结构和超静定结构的特点
	位移法	技能内容	用位移法对无结点线位移和有结点线位移结构进行内力计算	能用位移法对无结点线位移和有结点线位移结构进行内力计算
		知识内容	(1)位移法的概念,基本未知量,位移法典型方程； (2)位移法计算超静定结构的方法； (3)对称结构的简化计算方法	(1)理解位移法的概念,基本未知量,位移法典型方程； (2)掌握位移法计算超静定结构的方法； (3)掌握对称结构的简化计算方法
	力矩分配法	技能内容	用力矩分配法计算连续梁和无侧移刚架的内力	会用力矩分配法计算连续梁和无侧移刚架的内力
		知识内容	(1)转动刚度、分配系数、传递力矩三个基本概念； (2)应用力矩分配法计算连续梁和无侧移刚架	(1)理解转动刚度、分配系数、传递力矩三个基本概念； (2)掌握应用力矩分配法计算连续梁和无侧移刚架
	结构内力机算实训	技能内容	(1)绘制连续梁结构内力图； (2)绘制框架结构内力图	会应用结构设计软件(PKPM)进行连续梁、框架结构内力图绘制
		知识内容	(1)对结构设计软件(PKPM)进行简要介绍； (2)连续梁、框架结构建模	(1)了解结构设计软件(PKPM)的功能和使用方法； (2)掌握连续梁、框架结构建模能力

续表

模块	单元	课程内容		基本要求
8.影响线	影响线	技能内容	(1)作静定梁影响线； (2)应用影响线确定荷载的最不利位置及绝对最大弯矩	(1)会作静定梁影响线； (2)能应用影响线确定荷载的最不利位置及绝对最大弯矩
		知识内容	(1)影响线的概念； (2)静定梁影响线的作法； (3)利用影响线确定荷载最不利位置的方法； (4)内力包络图的概念与绘制	(1)了解影响线的概念； (2)掌握静定梁影响线的作法； (3)掌握利用影响线确定荷载最不利位置的方法； (4)了解内力包络图的概念与绘制

5.1.3　对学生自学的要求

（1）学生自学时可以参考 PPT 教学课件复习本课程的教学内容，也可以利用网上资源学习本课程。

（2）学生自学时要多动脑思考，多动手作题，多去工地观察力学问题。

5.1.4　学时分配建议

序号	教学内容	学时分配				
		讲课	习题课	实验	技能实训	小计
1	绪论	2				2
2	模块一　静力学基础	6	2			8
3	模块二　平面力系平衡方程及应用	10	4			14
4	（一）平面汇交力系	4	2			6
5	（二）平面一般力系	6	2			8
6	模块三　结构简化与几何组成分析	6	2			8
7	（一）结构的简化	2				2
8	（二）平面体系的几何组成分析	4	2			6
9	模块四　静定结构的内力分析	18	8			26
10	（一）轴心拉(压)构件	4	2			6
11	（二）受弯构件	6	2			8
12	（三）静定结构内力计算	8	4			12

续表

序号	教学内容	学时分配				
		讲课	习题课	实验	技能实训	小计
13	模块五 结构构件的应力计算	18	8	4		30
14	（一）截面的几何性质	4				4
15	（二）轴心拉（压）构件	2	2	4		8
16	（三）受弯构件	2	2			4
17	（四）组合变形构件	6	2			8
18	（五）剪切与扭转	4	2			6
19	模块六 静定结构的位移计算	6				6
20	模块七 超静定结构的内力计算	14	6		8	28
21	（一）力法	4	2			6
22	（二）位移法	4	2			6
23	（三）力矩分配法	6	2			8
24	（四）结构内力计算上机实训				8	8
25	模块八 影响线	4				4
26	机动	2				2
27	合计	86	30	4	8	128

5.1.5 课程考核要求及方式

（1）考核方式：本课程分两个学期考核，采取闭卷考试，第一个学期成绩为平时考核 30％＋理论考试 70％，第二个学期成绩为平时考核 30％＋理论考试 60％＋实践考核 10％。

（2）课程考核要求：通过考核，能有效地了解学生系统掌握力学基本知识、基本理论、基本技能的情况，以及能为后续专业基础课、实践课学习打下良好的基础能力。

5.1.6 教材及参考书

1. 马景善. 土木工程实用力学. 北京：北京大学出版社，2010.

2. 马景善. 工程力学与水工结构. 北京：中国建筑工业出版社，2005.

3. 于英. 建筑力学. 北京：中国建筑工业出版社，2007.

5.1.7 有关说明

（1）内容选取。根据各专业所需要的知识、能力要求，选取 8 个教学模块作为理论教学内容;选取一项拉伸与压缩实验作为实践教学内容;选取两种结构体系作为计算机机算实训内容。

（2）职业素养。鲁班创新精神:干一行爱一行,注重细节、勤于思考、立足实践、刻苦钻研、精益求精、不断学习、勇于创新;伟人服务精神:有高度的责任感,勤勤恳恳、任劳任怨、严谨、认真、实事求是的工作态度,用专长服务企业、服务社会;铁人创业精神:有信念、理想、目标,不怕艰难困苦,奋发图强,艰苦奋斗。

5.2　土木工程实用力学课程标准

所属系部：建筑系
适用专业：建筑工程技术
课程编号：JGB102
课程类型：专业基础课

5.2.1　前言

1.课程性质与任务

（1）课程地位

"土木工程实用力学"是建筑工程技术、建筑设计技术、水利水电工程、水利工程等专业的一门专业基础课,是运用力学的基本原理,研究结构与构件在荷载作用下的平衡规律及承载能力的一门课程。通过理论教学和实验、实训实践教学,使学生掌握工程施工技术与管理人员所需的力学基本理论、基本知识和基本技能;运用力学方法分析和解决工程中一般的力学问题的能力;培养学生的工程力学素质、科学的工作方法;为学习专业课程和继续深造提供必要的基础。

（2）主要功能

通过对土木工程力学发展历史及现状和水平的了解,使学生明确力学与专业技术领域的关系;更加关心工程技术的发展及应用动态,明确掌握好力学基本理论、基本知识和基本技能,对于更好地为专业服务的重要性,培养学生良好的工程力学素质和科学的工作方法。通过该课程理论知识的学习,使学生在基本的工程技术工作过程中,学会使用相关的理论知识,解决生产实践中的问题,形成尊重科学、实事求是、与时俱进、服务未来的科学态度。

（3）课程服务体系

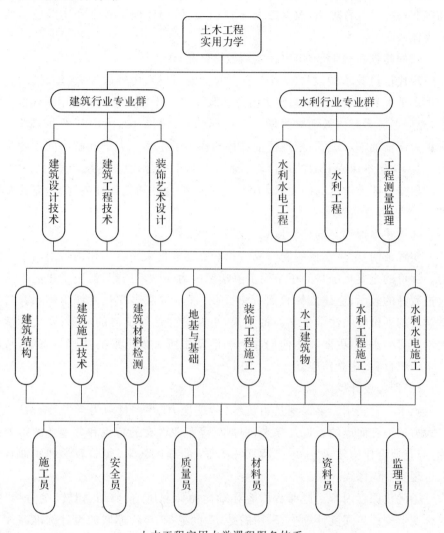

土木工程实用力学课程服务体系

2.设计思路

（1）课程基本理念

①适应高等职业教育的培养目标,构建新的课程体系

高等职业教育的根本任务是培养高级技术应用型人才。课程教学是实现高等职业教育人才培养目标的基本途径,课程教学的质量是直接影响人才培养质量的核心要素。新的课程体系要与经济建设、科技进步和社会发展要求相适应,与人的全面发展需求相适应,与高等教育大众化条件下多样化的学习需求

相适应,与高等职业教育课程改革与建设相适应。本课程体系的构建,是依据高等职业技术教育思想,改变学科本位的观念,构建理论教学和实践教学两个课程体系。

②构建创新教学平台,完善实践教学体系

现代信息技术的发展对力学教育的价值、目标、内容以及教、学、做的方式产生了重大的影响。土木工程实用力学课程的设计与实施重视运用现代信息技术,充分考虑多媒体教学对力学学习内容和方式的影响,大力开发并向学生提供更为丰富的学习资源,把现代信息技术作为学生学习力学和解决问题的强有力工具,构建本课程开放的理论教学和学生自学平台,改变传统的学习方式。

根据高职教学目标的要求,本着实用性、综合性和创新性的原则,完善实验教学、实训教学实践体系。

③构建本课程新的评价体系

实践证明,学生在校的卷面成绩并不决定学生未来在工作岗位上的工作能力。评价的主要目的是为了全面了解学生的力学学习历程,激励学生的学习和改进教师的教学;应建立评价目标多元化、评价方法多样化的评价体系。对力学学习的评价要关注学生学习的结果,更要关注他们学习的过程;要关注学生力学学习的水平,更要关注他们在力学活动中所表现出来的情感与态度,帮助学生认识自我,建立信心。

(2)课程设计思路

土木工程实用力学课程是由传统的"理论力学"、"材料力学"、"结构力学"三大力学整合而成的。近几年来,根据高等职业教育的特点和各专业的培养目标,与企业合作构建了"土木工程实用力学"的理论教学、实验教学和实训教学三位理实一体课程体系。

①优化课程内容。原课程内容在轴向拉伸和压缩、剪切、扭转、受弯构件、组合变形构件等强度计算中,采用的是 20 世纪 50 年代苏联的设计标准即许用应力法解决构件强度,到 70 年代我国采用半经验半概率的设计方法,从 80 年代开始,我国逐步完善成现行的以可靠度为基础,采用分项系数的设计表达式进行结构计算的设计方法。用许用应力解决构件强度,不符合我国现行设计规范,原课程内容已起不到专业基础课为专业课服务的目的。现课程内容不再进行轴向拉伸和压缩、剪切、扭转、受弯构件、组合变形构件等强度计算及压杆的稳定性验算;课程内容仅进行内力分析与计算、应力分析与计算两个方面内容,使课程内容更具有实用性,为后续课程建立学习平台。现课程结构突出以外力(荷载、约束反力)分析与计算,内力分析与计算、应力分析与计算及变形分析与

计算,形成了"三力一变"为核心内容的教学模块和知识单元。

②改革实验教学。对传统实验项目进行改革,把轴向拉伸和压缩实验项目改成实用性的钢筋材料检测,对个性人才培养增设开放型实验,让学生自行设计并独立完成实验,培养学生创新意识。

③创新实训教学。设计了 PKPM 软件操作实训内容,对超静定结构的内力计算,采用手算与机算相结合的方式进行。通过实训,一方面,加深了学生对复杂结构内力分布特点的理解,避免了繁琐的计算;另一方面,使学生对结构设计软件有了初步了解和使用能力,为将来专业课的学习打下了坚实的基础。

课程设计的理念是实现传统与现代、基础与前沿、传统教学与现代技术的优化组合。土木工程实用力学课程教学体系如图 5.1 所示。

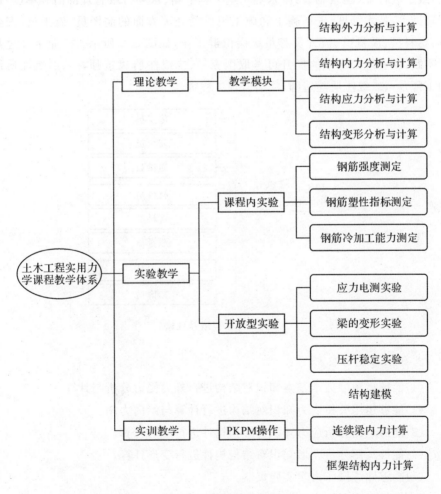

图 5.1　课程教学体系

5.2.2 课程培养目标

1.总目标

培养目标:培养适应社会主义现代化建设发展需要,德、智、体全面发展,热爱建筑行业、水利行业,具备一线专业技术岗位所必需的基础理论知识和专业知识,经过专业技术岗位的基本训练,掌握一定实用技能,具有良好职业道德和敬业精神,有较强实践能力和实际工作能力,有建筑设计及建筑工程施工、水利水电工程施工管理等能力的高技能应用型人才。

职业目标:建筑行业(建筑设计院、建筑工程公司、建筑行政管理部门等单位)或水利行业(建筑物设计、水利水电工程公司、水利行政管理部门等单位)设计师助手、技术管理、现场施工和施工组织管理等方面的制图员、施工员、安全员、材料员、质量员、监理员等员级岗位群工作,如图 5.2 所示。毕业生经过几年实践,随着理论水平的提升可考取国家一、二级注册建筑师,一、二级注册结构工程师,一、二级注册建造师,注册监理工程师。

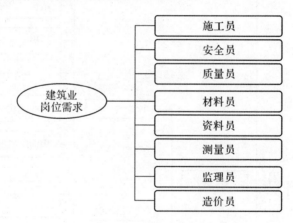

图 5.2　课程培养目标

2.知识与能力目标

(1)能够运用静力学基本知识对结构进行外力受力分析与计算。

(2)能够运用分析内力知识对结构进行计算与绘内力图。

(3)能够运用分析应力知识对结构构件进行应力计算。

(4)能够运用分析变形知识对结构构件进行变形计算。

(5)能够熟练操作力学实验仪器。

(6)能够运用所学力学知识,解决与力学相关的工程问题。

(7)能熟练运用计算机及专业软件进行初步的计算。

(8)学会与人合作,并能与他人交流思想,初步形成评价与反思的意识。

3. 素质目标

(1)能积极参与力学学习活动,对力学有好奇心与求知欲。

(2)在力学学习活动中获得成功的体验,锻炼克服困难的意志,建立自信心。

(3)初步认识力学与人类生活的密切联系及对人类历史发展的作用,体验力学活动充满着探索与创造,感受力学的严谨性以及力学结论的确定性。

(4)形成实事求是的态度以及质疑和独立思考的习惯。

(5)具备良好的团队协作能力。

(6)具有尊重科学、崇尚实践、细致认真、敬业守职的精神。

4. 课程内容、要求及教学设计

本课程在课程内容、要求及教学设计上遵循学生职业能力培养的基本规律,以"三力一变"(外力的平衡、内力的分布规律、应力的计算方法和变形的计算)为核心内容,确定教学模块、主题学习单元。课程内容模块顺序、学时如表5.2所示。

表 5.2 课程内容模块顺序学时

模块	单元		主要编写内容	教材编写要求	学时
1.静力学基础	绪论		课程体系与任务,课程的研究对象,课程研究的内容,学习课程的意义	初步了解的土木工程实用力学学习目的、内容和任务及学习课程的意义	2
	静力学的基础知识	技能内容	(1)荷载计算; (2)受力分析和画受力图	(1)荷载计算实例; (2)能进行受力分析和画受力图	6
		知识内容	(1)荷载的概念; (2)静力学四个公理; (3)约束及约束反力; (4)物体的受力分析画物体受力图	(1)了解荷载的概念,掌握荷载的分类; (2)掌握静力学四个公理; (3)熟悉约束及约束反力; (4)掌握物体的受力分析画物体受力图	

续表

模块	单元		主要编写内容	教材编写要求	学时
2.平面力系平衡方程及应用	平面汇交力系	技能内容	(1)力的投影、力矩、力偶矩计算； (2)应用平衡方程求解平面汇交力系的平衡问题	(1)能熟练进行力的投影、力矩、力偶矩计算； (2)熟练应用平衡方程求解平面汇交力系的平衡问题	6
		知识内容	(1)力的投影、力矩、力偶矩计算； (2)合力投影定理、合力矩定理； (3)力偶及其性质； (4)平面特殊力系平衡方程	(1)掌握力的投影、力矩、力偶矩计算； (2)熟悉合力投影定理、合力矩定理； (3)了解力偶及其性质； (4)掌握平面汇交力系平衡方程	
	平面一般力系	技能内容	应用平衡方程求解物体和物体系的平衡问题	熟练应用平衡方程求解物体和物体系的平衡问题	8
		知识内容	(1)力的平移定理及平面一般力系的简化； (2)平面一般力系平衡方程	(1)熟悉力的平移定理及平面一般力系的简化； (2)掌握平面一般力系平衡方程	
3.结构简化与几何组成分析	结构的简化	技能内容	(1)结构构件梁、板、柱计算简图形成技能； (2)结构计算简图形成技能	(1)掌握结构构件梁、板、柱计算简图形成技能； (2)掌握结构构件计算简图形成技能	2
		知识内容	(1)梁、板、柱简化的内容与过程 (2)结点的简化，多跨梁的简化，拱的简化，刚架的简化，桁架的简化，组合结构的简化方法与过程	(1)梁、板、柱的简化； (2)多跨梁的简化； (3)刚架的简化； (4)桁架的简化； (5)拱的简化； (6)组合结构的简化	

续表

模块	单元		主要编写内容	教材编写要求	学时
3.结构简化与几何组成分析	平面体系的几何组成分析	技能内容	应用几何不变体系的组成规则,对平面体系进行几何组成分析	会应用几何不变体系的组成规则,对平面体系进行几何组成分析	6
		知识内容	(1)体系自由度、约束的概念; (2)几何不变体系的组成规则,对简单体系作几何组成分析; (3)静定与超静定结构概念	(1)理解体系自由度、约束的概念; (2)掌握几何不变体系的组成规则,能对简单体系作几何组成分析; (3)了解静定与超静定结构概念	
4.静定结构的内力分析	轴心拉(压)构件	技能内容	(1)轴力计算; (2)绘制轴力图	具有轴力计算并绘制轴力图的能力;	6
		知识内容	(1)变形固体的概念及其基本假设;构件变形的基本形式;轴向拉抻与压缩变形的受力特点和变形特点; (2)内力的概念,内力及轴力图绘制方法	(1)了解变形固体的概念及其基本假设,构件变形的基本形式,轴向拉抻与压缩变形的受力特点和变形特点; (2)了解内力的概念,掌握求内力及轴力图的绘制方法	
	受弯构件	技能内容	(1)计算梁指定截面内力; (2)绘制梁内力图	(1)熟练掌握计算梁指定截面内力; (2)熟练掌握绘制梁内力图	8
		知识内容	(1)弯曲变形的受力特点、变形特点和平面弯曲的概念; (2)平面弯曲梁的剪力和弯矩概念及其计算;弯矩、剪力和分布荷载集度之间的微分关系及其在绘制剪力图、弯矩图中的应用; (3)叠加法在绘制弯矩图中的应用	(1)了解弯曲变形的受力特点、变形特点和平面弯曲的概念; (2)掌握平面弯曲梁的剪力和弯矩概念及其计算;掌握弯矩、剪力和分布荷载集度之间的微分关系及其在绘制剪力图、弯矩图中的应用; (3)掌握叠加法在绘制弯矩图中的应用	

续表

模块	单元		主要编写内容	教材编写要求	学时
4.静定结构的内力分析	静定结构内力计算	技能内容	绘制多跨静定梁、静定平面刚架、静定平面桁架的内力图;三铰拱的内力计算	会绘制多跨静定梁、静定平面刚架、静定平面桁架的内力图;了解三铰拱的特点和内力计算方法	12
		知识内容	(1)多跨静定梁、桁架、刚架的内力计算和内力图的绘制; (2)三铰拱的特点及内力的计算方法,以及静定组合结构的内力计算	(1)掌握多跨静定梁、桁架、刚架的内力计算和内力图的绘制; (2)了解三铰拱的特点及内力的计算方法,以及静定组合结构的内力计算	
5.结构构件的应力计算	截面的几何性质	技能内容	(1)计算简单截面图形的惯性矩、极惯性矩、惯性积、惯性半径; (2)计算组合截面图形的惯性矩	(1)会计算简单截面图形的惯性矩、极惯性矩、惯性积、惯性半径; (2)能用平行移轴公式计算组合截面图形的惯性矩	4
		知识内容	(1)物体的重心、形心、静矩的概念; (2)惯性矩、极惯性矩、惯性半径的概念及计算,平行移轴公式及常见组合截面的惯性矩	(1)了解物体的重心、形心、静矩的概念; (2)掌握惯性矩、极惯性矩、惯性半径的概念及计算,平行移轴公式及常见组合截面的惯性矩	
	轴心拉(压)构件	技能内容	(1)轴向拉伸和压缩构件的应力计算; (2)轴向拉伸与压缩构件的变形计算; (3)压杆稳定计算	(1)具有轴向拉伸和压缩构件的应力计算能力; (2)具有轴向拉伸与压缩构件的变形计算能力; (3)会用欧拉公式计算压杆的临界力和临界应力	4
		知识内容	(1)强度概念,构件横截面正应力计算及应力分布规律; (2)应力、应变关系及轴向拉压杆的变形计算方法; (3)压杆失稳和临界力的概念; (4)提高压杆稳定措施	(1)了解强度概念,掌握构件横截面正应力计算及应力分布规律; (2)掌握应力、应变关系及轴向拉压杆的变形计算方法; (3)了解压杆失稳和临界力的概念; (4)掌握提高压杆稳定措施	

续表

模块	单元		主要编写内容	教材编写要求	学时
5.结构构件的应力计算	受弯构件	技能内容	(1)梁横截面上的应力计算及应力分布规律; (2)用叠加法求梁指定截面的挠度和转角,梁的刚度条件	(1)熟练掌握梁横截面上的应力计算及应力分布规律; (2)会用叠加法求梁指定截面的挠度和转角,理解梁的刚度条件	6
		知识内容	(1)梁横截面上的正应力、剪应力的分布规律及其计算公式; (2)梁的挠度、转角的概念; (3)叠加法求梁指定截面的挠度和转角的方法及梁的刚度条件的应用	(1)掌握梁横截面上的正应力、剪应力的分布规律及其计算公式; (2)了解梁的挠度、转角的概念; (3)掌握叠加法求梁指定截面的挠度和转角的方法及梁的刚度条件的应用	
	偏心受压、受拉构件	技能内容	联系工程实例进行组合变形的应力计算及确定截面应力分布	能联系工程实例进行组合变形的应力计算及确定截面应力分布	4
		知识内容	(1)组合变形的概念; (2)拉、压弯组合变形;偏心受拉、受压组合变形的应力计算方法	(1)了解组合变形的概念; (2)掌握拉、压弯组合变形;偏心受拉、受压组合变形的应力计算方法	
	剪切与扭转	技能内容	(1)剪切面、挤压面的计算; (2)连接件的剪切、挤压应力的实用计算; (3)圆轴扭转时的内力计算; (4)圆轴扭转横截面上应力计算及分布规律	(1)掌握连接件的剪切、挤压应力的实用计算; (2)掌握圆轴扭转横截面上应力计算及分布规律	6
		知识内容	(1)剪切变形、挤压变形的受力特点和变形特点; (2)剪切面、挤压面的特征及其计算;连接件的剪切、挤压应力的实用计算; (3)圆轴扭转变形的受力特点和变形特点;扭转时的内力计算;扭转圆轴横截面上应力分布规律	(1)了解剪切变形、挤压变形的受力特点和变形特点; (2)了解剪切面、挤压面的特征及其计算;掌握连接件的剪切、挤压应力的实用计算方法; (3)了解圆轴扭转变形的受力特点和变形特点;掌握扭转时的内力计算;理解扭转圆轴横截面上应力计算及分布规律	

续表

模块	单元		主要编写内容	教材编写要求	学时
6.静定结构的位移计算	位移计算	技能内容	用图乘法解静定结构的位移及静定结构由于支座移动和温度变化引起位移计算	能用图乘法解静定结构的位移及静定结构由于支座移动和温度变化引起位移计算	6
		知识内容	(1)虚功原理,用单位荷载法求静定结构的位移; (2)图乘法; (3)支座沉陷和温度变化引起的位移计算方法; (4)功的互等定理与位移互等定理和反力互等定理	(1)理解虚功原理,以及用单位荷载法求静定结构的位移; (2)掌握图乘法; (3)了解支座沉陷和温度变化引起的位移计算方法; (4)了解功的互等定理与位移互等定理和反力互等定理	
7.超静定结构的内力计算	力法	技能内容	用力法对超定结构进行内力计算、对称性的利用、支座移动的计算	能用力法对超定结构进行内力计算、对称性的利用、支座移动的计算	6
		知识内容	(1)超静定次数的确定方法; (2)力法原理和力法典型方程; (3)力法计算超静定结构的方法; (4)超静结构由于支座移动引起内力计算方法; (5)静定结构和超静定结构的特点	(1)掌握超静定次数的确定方法; (2)理解力法原理和力法典型方程; (3)掌握力法计算超静定结构的方法; (4)了解超静定结构由于支座移动引起内力计算方法; (5)了解静定结构和超静定结构的特点	
	位移法	技能内容	用位移法对无结点线位移和有结点线位移结构进行内力计算	能用位移法对无结点线位移和有结点线位移结构进行内力计算	6
		知识内容	(1)位移法的概念,基本未知量,位移法典型方程; (2)位移法计算超静定结构的方法; (3)对称结构的简化计算方法	(1)理解位移法的概念,基本未知量,位移法典型方程; (2)掌握位移法计算超静定结构的方法; (3)掌握对称结构的简化计算方法	

续表

模块	单元		主要编写内容	教材编写要求	学时
7.超静定结构的内力计算	力矩分配法	技能内容	用力矩分配法计算连续梁和无侧移刚架的内力	会用力矩分配法计算连续梁和无侧移刚架的内力	6
		知识内容	(1)转动刚度、分配系数、传递力矩三个基本概念； (2)应用力矩分配法计算连续梁和无侧移刚架	(1)理解转动刚度、分配系数、传递力矩三个基本概念； (2)掌握应用力矩分配法计算连续梁和无侧移刚架	
	结构内力机算实训	技能内容	(1)绘制连续梁结构内力图； (2)绘制框架结构内力图	会应用结构设计软件(PKPM)进行连续梁、框架结构内力图绘制	8
		知识内容	(1)对结构设计软件(PKPM)进行简要介绍； (2)连续梁、框架结构建模	(1)了解结构设计软件(PKPM)的功能和使用方法； (2)掌握连续梁、框架结构建模能力	
8.影响线	影响线	技能内容	(1)作静定梁影响线； (2)应用影响线确定荷载的最不利位置及绝对最大弯矩	(1)会作静定梁影响线； (2)能应用影响线确定荷载的最不利位置及绝对最大弯矩	8
		知识内容	(1)影响线的概念； (2)静定梁影响线的作法； (3)利用影响线确定荷载最不利位置的方法； (4)内力包络图的概念与绘制	(1)了解影响线的概念； (2)掌握静定梁影响线的作法； (3)掌握利用影响线确定荷载最不利位置的方法； (4)了解内力包络图的概念与绘制	
课内学时合计				理论教学	116
				实践教学	12

5.2.3 课程实施建议

1.组织实施

(1)在教、学、做过程中,应立足于加强学生知识运用能力的培养,采用项目教学,以工作任务引领提高学生学习兴趣,激发学生的成就动机。

(2)本课程教学的关键是"理论与实践教学一体化",在教学过程中,教师示范和学生分组讨论、训练互动,学生提问与教师解答、指导有机结合,让学生在教、学、做的过程中,会运用所学力学知识解决与工程相关的力学问题。

(3)在教、学、做过程中,要创设工作情景,利用力学知识分析工作过程,在分析工作过程中提高学生的岗位适应能力。

(4)在教、学、做过程中,要应用多媒体、投影等教学资源辅助教学,帮助学生熟悉工地现场的施工过程及控制要点。

(5)在教、学、做过程中,要重视本专业领域新技术、新工艺、新材料的发展趋势,贴近工地现场。为学生提供职业生涯发展的空间,努力培养学生参与社会实践的创新精神和职业能力。

(6)组织"土木工程实用力学"课程竞赛,激发学生的学习积极性。通过组织"画受力图"、"开放式实验设计"等课程竞赛,极大地激发了学生的学习积极性和能动性。

(7)根据不同专业特点,合理调整教学内容。开设"土木工程实用力学"课程的不仅有建筑设计技术、建筑工程技术专业,还有水利水电建筑工程、水利工程等大土木类专业,针对不同的专业特点,合理选择教学内容和教学侧重点,注意联系与专业紧密相关的工程实例、工程知识和技术。同时在教学过程中根据学生的特点,调控教学进度,做到因材施教,保证了教学质量和教学效果。

(8)网上虚拟实验与操作性实验教学相结合。通过网上虚拟实验,学生可以对将要进行的实验内容有一个较为完整的了解和预习,在进行实际的操作性实验时,可以留出更多的时间让学生去观察和思考,进一步加深对所学理论知识的理解。

(9)开放式实验教学环节,主要是培养学生创新能力。如何培养学生的创新能力和知识的实际应用能力是提高学生综合素质的关键环节。通过设置开放式实验环节,创建建构式的学习氛围,鼓励、引导学生自主设计实验项目并对实验结果进行验证,加强学生对理论知识的实际应用能力,拓展学生的创新性思维。

(10)教学过程中教师应积极引导学生提升职业素养,提高职业道德。

(11)实施建议,如表 5.3 所示。

表 5.3 实施建议

序号	教学内容	学时分配				
		讲课	习题课	实验	技能实训	小计
1	绪论	2				2
2	模块一 静力学基础	6	2			8
3	模块二 平面力系平衡方程及应用	10	4			14
4	（一）平面汇交力系	4	2			6
5	（二）平面一般力系	6	2			8
6	模块三 结构简化与几何组成分析	6	2			8
7	（一）结构的简化	2				2
8	（二）平面体系的几何组成分析	4	2			6
9	模块四 静定结构的内力分析	18	8			26
10	（一）轴心拉（压）构件	4	2			6
11	（二）受弯构件	6	2			8
12	（三）静定结构内力计算	8	4			12
13	模块五 结构构件的应力计算	20	8	2		30
14	（一）截面的几何性质	4				4
15	（二）轴心拉（压）构件	4	2	2		8
16	（三）受弯构件	4	2			6
17	（四）偏心受压、受拉构件	4	2			6
18	（五）剪切与扭转	4	2			6
19	模块六 静定结构的位移计算	6				6
20	模块七 超静定结构的内力计算	12	6		8	26
21	（一）力法	4	2			6
22	（二）位移法	4	2			6
23	（三）力矩分配法	4	2			6
24	（四）结构内力机算实训				8	8
25	模块八 影响线	6				6
26	机动	2				2
27	合计	86	30	4	8	128

2.教材编写

(1)教材应充分体现任务引领、实践导向课程的设计思想。

(2)教材应将本专业职业活动,分解成若干典型的工作项目,按完成工作项目的需要和岗位操作规程,结合力学在工作中的应用组织教材内容。

(3)要通过自行编制与工程实践相关的任务单、小组活动项目、工地现场见习并运用所学知识进行评价,引入必需的理论知识,强调理论在实践过程中的应用。

(4)教材应图文并茂,提高学生的学习兴趣,加深学生对建筑工程施工的认识和理解。教材表达必须精炼、准确、科学。

(5)教材内容应体现先进性、通用性、实用性,要将本专业新规范及时地纳入教材,使教材更贴近本专业的发展和实际需要。

3.教学评价

(1)改革传统的学生评价手段和方法,采用阶段评价、过程性评价与目标评价相结合,理论与实践一体化的评价模式。

(2)关注评价的多元性,结合课堂提问、学生作业、平时测验、实验实训、学生的自评和互评及考试情况,综合评价学生成绩。

(3)应注重学生动手能力和实践中分析问题、解决问题能力的考核,对在学习和应用上有创新的学生应予特别鼓励,全面综合评价学生能力。

(4)本课程的总评成绩=平时成绩+实验成绩+期末考试成绩。其中平时成绩占30%,实验成绩占10%,期末考试成绩占60%。

4.课程资源的开发与利用

(1)注重课程资源和现代化教学资源的开发和利用,这些资源有利于创设形象生动的工作情景,激发学生的学习兴趣,促进学生对知识的理解和掌握。同时,建立多媒体课程资源的数据库,努力实现跨学校多媒体资源的共享,以提高课程资源利用效率。

(2)积极开发和利用网络课程资源,充分利用诸如电子书籍、电子期刊、数据库、数字图书馆、教育网站和电子论坛等网上信息资源,使教学从单一媒体向多种媒体转变;教学活动从信息的单向传递向双向交换转变;学生单独学习向合作学习转变。

(3)产学合作开发实验实训课程资源,充分利用本行业典型的生产企业的资源,进行产学合作,建立实习实训基地,实践"工学"交替,满足学生的实习实训,同时为学生的就业创造机会。

5.课程管理

(1)课程教学团队

①教研室主任:略

②主讲教师:略

③实训教师:略

(2)责任

①为使团队成员分工协作,实施课程教学团队会议制,由团队带头人(教研室主任)负责组织,每学期召开一次团队会议,研讨不同专业课程标准、教学内容,交流教学经验、教学技巧,再推广到其他课程。

②由企业兼职教师和专任教师共同开发课程,结合建筑、水利类各专业培养目标和国家职业资格标准,制定适用各专业的土木工程实用力学课程的标准。

③采用人才共育的形式,一般理论教学由专任教师承担、实验实训教学由企业兼职教师和专任教师共同承担。理论教学在单项教学中校企教师也可共同承担。

④校企合作企业及其兼职教师全过程参与人才培养模式构建、课程开发、课程标准制定、资源建设、课程实施等。跟踪建筑、水利发展现状及趋势,专任教师与企业兼职教师合作,开发《钢筋材料检测指导书》、《PKPM 软件操作实训指导书》案例教学教材;利用学校网络教学平台,共同开发工程案例库等共享型教学资源,建立专家答疑等栏目,进行立体化教学。

5.2.4 其他说明

1.对学生自学的要求

(1)学生自学时可以参考 PPT 教学课件复习本课程的教学内容,也可以利用网上资源学习本课程。

(2)学生自学时要多动脑思考,多动手作题,多去工地观察力学问题。

2.教材及参考书

(1)马景善.土木工程实用力学.北京:北京大学出版社,2010.

(2)马景善.工程力学与水工结构.北京:中国建筑工业出版社,2005.

(3)于英.建筑力学.北京:中国建筑工业出版社,2007.

5.3　土木工程实用力学单元教学设计

5.3.1　模块三　结构构件的简化与几何组成分析

1.土木工程实用力学单元教学设计首页

《土木工程实用力学》
单元教学设计

所在系部：＿＿＿＿×××＿＿＿＿

课程名称：＿土木工程实用力学＿

课程代码：＿＿＿＿×××＿＿＿＿

制订教师：＿＿＿＿×××＿＿＿＿

制订时间：＿＿＿＿×××＿＿＿＿

2. 结构构件的简化与几何组成分析单元教学设计教案首页

本单元标题:模块三　结构构件的简化与几何组成分析

授课专业	建筑工程技术	授课班级	略	上课时间	略	上课地点	略

教学目的	通过本内容的学习,了解结构、构件分类,熟悉结构、构件的简化方法。了解结构几何组成分析目的,熟悉平面结构几何不变的组成规则,掌握平面结构几何组成分析的方法。能正确地对工程施工中临时结构进行结构构件简化,能正确应用平面结构几何不变的组成规则分析结构构件的几何不变性。 　　培养学生职业精神,从行业文化方面倡导鲁班创新精神。干一行爱一行,注重细节、勤于思考、立足实践、刻苦钻研、精益求精、不断学习、勇于创新。从企业文化方面倡导铁人创业精神。有信念、理想、目标、不怕艰难困苦,奋发图强,艰苦奋斗,在建设有中国特色社会主义大业中建功立业。

教学目标	能力(技能)目标	知识目标
	专业能力: 1. 具有对工程施工中的临时结构进行结构构件简化能力; 2. 能用平面结构几何不变组成规则,分析结构构件几何不变性的能力。 社会能力: 1. 对事物认识能力; 2. 分析问题、解决问题能力; 3. 团队合作能力; 4. 社会实践能力。	1. 了解结构、构件分类; 2. 熟悉结构、构件的简化方法; 3. 了解几何组成分析目的; 4. 熟悉平面结构几何不变的组成规则; 5. 掌握平面结构几何组成分析的方法。

重点、难点及解决方法	重点:结构、构件简化;平面结构的几何不变组成规则;分析结构、构件的几何不变性。 难点:结构的简化;平面结构的几何组成分析。 解决方法:采用案例教学,通过 PPT 教学课件和脚手架、模板工程及工程结构视频引导学生对结构、构件的认识,采用启发式教学讲结构、构件的简化内容和简化的方法,通过应用案例、讨论、答疑等方式,培养学生结构、构件的简化能力。采用启发式教学讲几何组成分析目的,平面结构几何不变组成规则和分析的方法,通过应用案例、讨论、训练培养学生分析结构构件几何不变性的能力,达到本单元教学目的和教学目标。

参考资料	相关力学教材,PPT 教学课件,工程视频等。

第一部分:组织教学

　　扣件式钢管脚手架装拆方便,搭设灵活,能适应建筑物平面及高度的变化;承载力大,搭设高度高,坚固耐用,周转次数多;加工简单,一次投资费用低,比较经济,故在建筑工程施工中使用最为广泛。

　　脚手架是建筑施工工程中的重要施工措施,如何提高脚手架的安全度,确保脚手架的施工安全,需要编制脚手架施工方案,要求施工方案必须有详细的脚手架计算书,其包括脚手架大小横杆、立杆强度、稳定性、刚度计算。对脚手架大小横杆、立杆计算时必须先进行结构简化及结构的几何组成分析。请思考:图3.1所示脚手架为什么要加十字交叉斜杆。

图3.1　扣件式钢管脚手架

第二部分:学习新内容

　　【步骤一】　告知教学目的、目标、重点与难点
　　告知内容见结构构件的简化与几何组成分析单元教学设计教案首页。
　　【步骤二】　讲解课程内容
　　§3.1　结构构件的简化

1.结构的计算简图

　　实际结构的组成、支承情况及作用其上的荷载是很复杂的,要想完全严格地考虑每一结构的全部特点及其各部分之间的相互作用来进行力学分析与计算,将是不可能的,也是不必要的。因此,为了便于计算,在对实际结构进行力学分析计算之前,必须做出某些合理的简化和假设,略去次要因素,把复杂的实际结构抽象化为一个简单的图形。这种科学的抽象方法,一方面简化了计算,另一方面也深刻地揭示了问题的本质。这样也能达到安全、经济和符合使用要求的目的。这种在进行结构计算时用以代表实际结构的经过简化的图形,就叫做结构的计算简图。

同一种结构由于所考虑的各种因素以及采用的计算工具不同,所选取的计算简图自然有所差别。选取计算简图的原则为:

(1)从实际出发,尽可能反映实际结构的主要受力特征;

(2)略去次要因素,便于分析和计算。

计算简图简化的内容为:

(1)结构构件的几何形式简化;

(2)结构、构件支座的简化;

(3)结构、构件计算尺寸的简化;

(4)结构结点的简化;

(5)结构、构件所受荷载的简化;

(6)结构体系的简化。

2.结构构件的几何形式简化

构件的截面尺寸比杆件长度小得多,因此在计算简图中,构件通常用其轴线表示。如梁、柱等构件的轴线为直线,就用相应的直线表示;曲杆、拱等构件的轴线为曲线,则用相应的曲线表示;对于曲率不大的微曲构件可以用直的轴线或折线表示;在刚架中倾角很小的梁、柱,可以用水平线或竖线表示。

构件间的连接区用结点表示,构件长度用结点间的距离表示,而荷载的作用点也移到了轴线上。

3.支座的简化

将结构与基础或支承部分相连接的装置称为支座。它的作用是将结构的位置固定,并将作用于结构上的荷载传递到基础或支承部分上去。支座对结构的反作用力称为支座反力。支座的简化要根据其约束情况而定,一般分为可动铰支座(相当于一个简单约束)、固定铰支座(相当于两个简单约束)、固定支座(相当于三个简单约束)及定向支座。

(1)可动铰支座。也叫辊轴支座,如图 3.2(a)所示。可动铰支座既允许结构绕着铰轴转动,又允许结构沿着支承面移动。它对结构的约束作用只是能阻止结构上的 A 端沿垂直于支承平面方向的移动。因此,当不考虑摩擦阻力时,其支座反力 F_y 将通过铰 A 的中心并与支承平面垂直。根据上述特点,这种支座的计算简图如图 3.2(b)所示,即可动铰支座只用一根链杆表示。

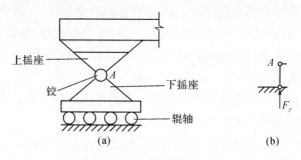

图 3.2　可动铰支座简化

(2)固定铰支座。固定铰支座也叫铰支座,如图 3.3(a)所示。固定铰支座只允许结构绕着铰轴转动,而不允许结构沿着支承面方向及垂直方向移动。因此,它可以产生通过铰结点 A 的任意方向的支座反力,一般将其分解为相互垂直的两个方向的分力 F_y 和 F_x。根据上述特点,这种支座的计算简图如图 3.3(b)、(c)所示,即固定铰支座用两根相交的链杆表示。

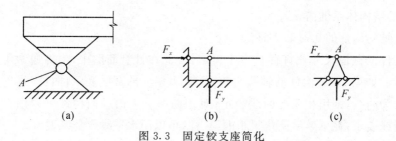

图 3.3　固定铰支座简化

(3)固定支座。固定支座所支承的部分完全被固定,如图 3.4(a)所示。它既不允许结构发生转动,也不允许结构发生任何方向的位移。因此,它可以产生三个约束反力,即水平和竖向分力 F_x、F_y 和反力矩 M_A。固定支座的计算简图如图 3.4(b)所示,也可以用三根不完全平行又不完全交于一点的链杆表示,如图 3.4(c)所示。

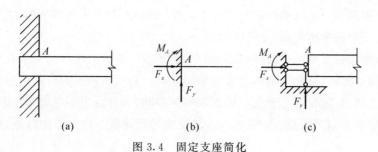

图 3.4　固定支座简化

（4）定向支座。如图 3.5（a）所示，定向支座允许结构沿着一个方向即支承面方向平行滑动，但不允许结构转动，也不允许结构沿垂直于支承面方向移动。因此，它可以产生竖向反力和反力矩 M_A。定向支座的计算简图如图 3.5（b）所示，即用两根平行的链杆表示。

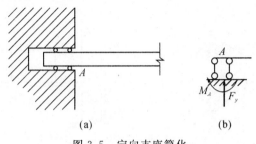

(a)　　　　　　　　(b)

图 3.5　定向支座简化

4.结点的简化

结构中杆件的汇交点称为结点。结点的实际构造方式很多，在选取计算简图时，结点的简化，要根据其构造性质而定，常将其归纳为铰结点、刚结点和组合结点三种。

（1）铰结点。其特点是它所连接的各个杆件在结点处不能移动，但可以绕结点自由转动，即在结点处各个杆件之间的夹角可以改变。它相应的受力状态是在铰结点的杆端不存在转动约束作用，即不引起杆端力矩，只能产生杆端轴力和剪切力。理想的铰结点用一个小圆圈表示（见图 3.6（a））。

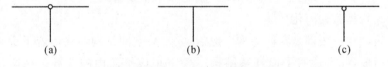

(a)　　　　　　　　　　(b)　　　　　　　　　　(c)

图 3.6　结点简化图例

实际工程中，这种理想铰是很难实现的。木屋架的结点比较接近于铰结点，如图 3.7（a）所示，因此取其计算简图如图 3.7（b）所示。

（2）刚结点。其特点是它所连接的各个杆件在结点处既不能相对移动也不能相对转动，在此点各杆端结为整体，即在结点处各个杆件之间的夹角保持不变。它相应的受力状态是结点对杆端有防止相对转动的约束力矩存在，即除产生杆端轴力和切力之外，还产生杆端力矩（见图 3.6（b））。

实际工程中，现浇钢筋混凝土框架中的结点常属于这类情形，如图 3.8 所示。

（3）组合结点。组合结点是铰结点和刚结点的综合运用，其特点是部分杆件可绕其自由转动或夹角可以变化,而部分杆件之间夹角在结构变形前后保持不变(见图3.6(c))。

实际工程中,多跨连续梁中支座的结点常属于这类情形,如图3.10(c)、(d)所示。

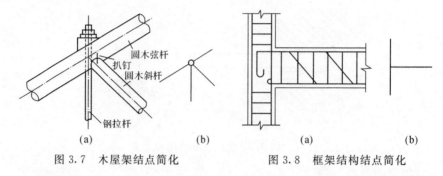

图3.7　木屋架结点简化　　　　图3.8　框架结构结点简化

5.荷载简化

在实际工程中,结构不但要承受多种形式的荷载作用,而且荷载的作用方式也是多种多样的。在结构计算简图中,通常可把各种荷载作用按照作用范围的差异简化为集中荷载和均布荷载两种形式,并将其标注在杆轴上。当荷载作用范围远小于结构尺寸时,可视为集中荷载。如轮压及相对尺寸较小的设备就属于集中荷载。当荷载作用范围较大,且连续分布,就叫做分布线荷载。分布线荷载又分均布线荷载和非均布线荷载两种。比如,等截面梁的自重就是均布线荷载,沿高度分布的土压力、水压力就是非均布线荷载。

6.结构体系的简化

建筑结构一般都是空间结构。但是,大多数空间结构往往由若干个平面杆系结构组成,并且这些平面杆系结构主要承担该平面内的荷载。在这种情况下,空间结构的问题就可分解为几个平面结构来计算,从而使计算大为简化。

空间结构分解为平面结构的方法有两种:

(1)从结构中选取一个有代表性的平面计算单元。

(2)沿纵向和横向分别按平面结构计算。

图3.9(a)为常见的简单空间刚架。考虑纵向力 F_1 和横向力 F_2 的作用,当力 F_1 单独作用时,横梁 AB 和 CD 等基本不受力,此时可取纵向刚架作为计算简图,如图3.9(b)所示。同样,当力 F_2 单独作用时,纵梁 AI、BJ 基本不受力,此时可取平面刚架作为计算简图,如图3.9(c)所示。

把空间结构简化为平面结构是有条件的,并不是所有空间结构都可以简化为平面结构。如从结构中选取有代表性的平面计算单元时,就应注意该结构物

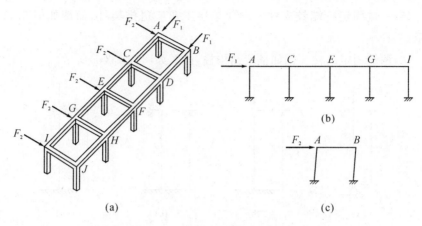

图 3.9 空间刚架体系与简化图例

沿长度方向横截面几何尺寸应相仿,且长度远大于其他尺寸。

§3.2 杆件结构体系分类

本内容的分类实际上是指结构计算简图的分类。杆件结构通常可以分为下列几类。

1. 梁

梁是一种受弯杆件,其轴线常为直线。水平梁在竖向荷载作用下不产生水平支座反力,其截面内力只有弯矩和剪切力。梁分为单跨梁(见图 3.10(a)、(b))和多跨梁(见图 3.10(c)、(d))。

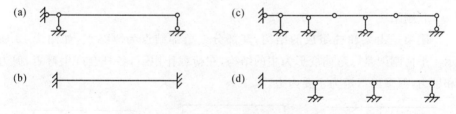

图 3.10 梁的简化图例

2. 柱

在结构构件中,截面尺寸的宽度与厚度较小而高度相对较大的构件,称为柱。柱主要承受竖向荷载,属于受压构件。

根据柱的约束条件将其简化为下列四种:

(1)两端铰支柱。例如屋架的受压竖杆,简图如图 3.11(a)所示。

(2)一端固定一端自由的柱。例如单层工业厂房的独立柱,简图如图 3.11(b)所示。

(3)一端固定一端铰支柱。例如单层工业厂房排架柱,简图如图 3.11(c)所示。

(4)两端固定的柱。例如框架结构柱,简图如图 3.11(d)所示。

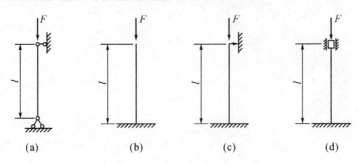

图 3.11　柱的简化图例

3. 拱

拱是具有曲线外形且在竖向荷载作用下能产生水平推力的结构,故又称推力结构。图 3.12(a)称为三铰拱,图 3.12(b)称为二铰拱,图 3.12(c)称为无铰拱。这种水平反力将使拱内弯矩远小于跨度、荷载及支承情况相同的梁的弯矩。

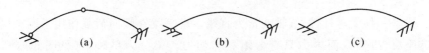

图 3.12　拱的简化图例

4. 刚架

刚架是由梁和柱组成的结构,其部分或全部结点为刚结点,如图 3.13 所示。平面刚架是以弯曲变形为主的结构,在荷载作用下,各杆会产生弯矩、剪力和轴力,但多以弯矩为主要内力。

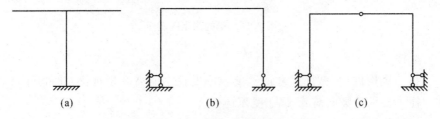

图 3.13　刚架的简化图例

5. 桁架

桁架由直杆组成,各杆相连接处全部为铰结点,如图 3.14(a)所示。图

3.14(b)为桁架简化后的简图,桁架仅承受结点荷载时,各杆只产生轴向变形和轴向力。

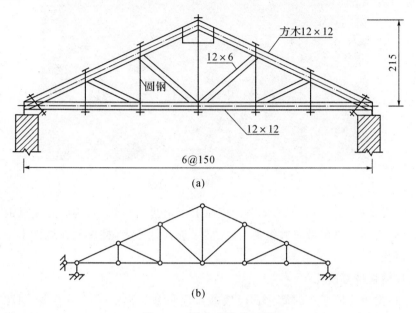

(a)

(b)

图 3.14 桁架的简化图例

6.组合结构

组合结构是既含轴力杆件又含受弯杆件的结构,也叫桁、梁混合结构,如图 3.15(a)所示。图 3.15(b)所示为组合结构简化后的简图。

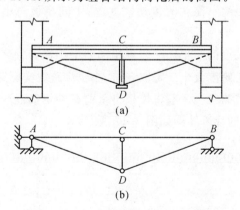

(a)

(b)

图 3.15 桁、梁混合结构与简化图例

§3.3 结构简化案例

应用案例 3-1 模板工程如图 3.16 所示,试对模板支撑体系进行简化。

图 3.16　模板支撑体系

教学中首先对模板支撑体系构成由上至下进行分析,其构成是模板放在小横梁上,小横梁放在纵向大横梁上,大横梁放在柱子上,柱子放在地面上。然后对其简化。

1.模板计算简化

(1)模板几何形式的简化。模板的截面尺寸比模板长度小得多,因此在计算简图中,用其轴线表示模板。

(2)模板支座的简化。模板一端与小横梁接触允许模板绕着小横梁转动,而不允许模板沿着支承面方向及垂直方向移动,简化为固定铰支座;模板的另一端与小横梁接触允许模板绕着小横梁转动和模板沿着支承面方向及垂直方向移动(考虑热胀冷缩),简化为可动铰支座;中间模板与小横梁接触则简化为可动铰支座。

(3)模板计算长度的简化。一般将相邻两个小横梁轴线间的距离称为模板的跨度,模板计算时跨度大于 5 跨取 5 跨,小于 5 跨取实际跨数。

(4)模板的荷载简化。一般将模板自重荷载和钢筋混凝土自重荷载简化为均布线荷载。模板的计算简图如图 3.17 所示。

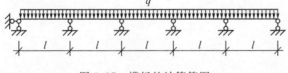

图 3.17　模板的计算简图

2.横梁计算简化

(1)横梁几何形式的简化。横梁几何形式的简化与模板几何形式的简化相同,横梁在计算简图中,用其轴线表示。

(2)横梁支座的简化。横梁一端与纵向大横梁接触简化为固定铰支座;横梁的另一端与纵向大横梁接触简化为可动铰支座。

(3)横梁计算长度的简化。横梁的计算长度取两个纵向大横梁轴线间的距离。

(4)横梁的荷载简化。横梁主要承受模板上荷载,模板横尺寸比横梁长度小得多,因此在横梁计算简图中将模板传来的荷载简化为集中力。横梁的计算简图如图 3.18 所示。

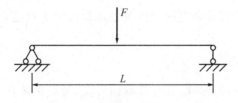

图 3.18　横梁的计算简图

应用案例 3-2　钢筋混凝土单层工业厂房结构如图 3.19(a)所示,试对结构进行简化。

1. 结构体系的简化

图 3.19(a)是由多个横向排架借助于屋面板、桥式起重机梁、柱间支承等纵向构件连接成的空间结构。从荷载传递来看,屋面荷载和桥式起重机轮压力等都主要通过屋面板和桥式起重机梁等构件传递到一个个横向排架上,且各横向排架几何尺寸相同。因此在选取计算简图时,可以略去各排架之间的纵向联系,而将其简化为图 3.19(b)所示的平面排架来分析。

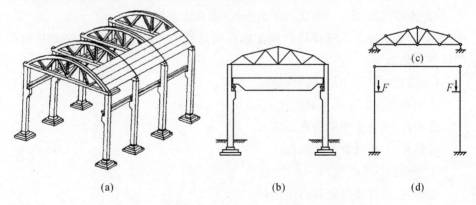

(a)　　　　　　　　(b)　　　　　　　　(d)

图 3.19　钢筋混凝土单层工业厂房结构与简化图例

2. 平面排架的简化

对于平面排架内的屋架，是否可以单独取出计算，取决于它与竖柱的连接构造方式。如果钢筋混凝土柱顶与屋架端部的连接构造，是用预埋钢板，在吊装就位后，再焊接在一起，则屋架端部与柱顶不能发生相对线位移，但仍有微小转动的可能。这时，可把柱与屋架的连接看作铰结点，在计算屋架各杆的内力时，可以单独取出并用固定铰支座和辊轴支座代替柱顶的支承作用。对于组成屋架的各个杆件，可用其轴线表示，这些轴线的交点即可代替实际的结点。根据力学分析和实测验证，当荷载只作用于结点时，屋架各杆的内力主要是轴力，切力和弯矩都很小，因此可把屋架的各结点均假定为铰结点。屋架的计算简图如图 3.19(c)所示。

3. 平面排架内竖柱的简化

对于平面排架内的竖柱，在计算其内力时，为简化计算，屋架部分可用抗拉刚度为无限大的杆件来代替，竖柱也用轴线表示。牛腿上由桥式起重机梁传来的荷载相对柱轴线的偏心，可用在牛腿处的悬挑短杆表示。竖柱与基础之间的连接以固定支座代替。计算简图如图 3.19(d)所示。

用计算简图代替实际结构进行计算，具有一定的近似性，但这是一种科学的抽象。如何选取合适的计算简图，是结构设计中十分重要而又比较复杂的问题，不仅要掌握选取的原则，而且要有较多的实践经验。

【步骤三】 总结

(1)结构的计算简图。实际结构很复杂，完全按照结构的实际情况进行力学分析，既不可能，也无必要。在进行结构计算时用简化的图形代表实际结构称做结构的计算简图。结构的计算简图是力学计算的基础，极为重要。

(2)选取的原则。一要从实际出发；二要分清主次。

(3)选取的要求。既要尽可能正确反映结构的实际工作状态，又要尽可能使计算简化。

(4)结构计算简图简化的内容：

①结构构件的几何形式简化；

②结构、构件支座的简化；

③结构、构件计算尺寸的简化；

④结构结点的简化；

⑤结构、构件所受荷载的简化；

⑥结构体系的简化。

【步骤四】作业

略

5.3.2 模块七 超静定结构内力分析与计算力法

力法单元教学设计教案首页,如表 7.1 所示。

表 7.1 力学单元教学设计教案首页

本单元标题:模块七 超静定结构内力分析与计算力法

授课专业	建筑工程技术	授课班级	略	上课时间	略	上课地点	略
教学目的							

教学目的	通过本内容的学习,了解静定结构和超静定结构的区别与联系,熟悉超静定结构次数确定的方法。了解力法的基本原理和力法典型方程的建立过程,掌握超静定梁和刚架内力分析与计算的方法。能正确用力法计算超静定结构内力,并绘制超静定结构内力图。 培养学生职业精神。从行业文化方面倡导鲁班创新精神。干一行爱一行,注重细节、勤于思考、立足实践、刻苦钻研、精益求精、不断学习、勇于创新。从企业文化方面倡导铁人创业精神。有信念、理想、目标、不怕艰难困苦,奋发图强,艰苦奋斗,在建设有中国特色社会主义大业中建功立业。

教学目标	能力(技能)目标	知识目标
	专业能力: 1.具有确定超静定结构次数的能力; 2.具有能用力法分析与计算超静定结构内力的能力; 3.具有绘制超静定内力图的能力。 社会能力: 1.对事物认识能力; 2.分析问题、解决问题能力; 3.团队合作能力; 4.社会实践能力。	1.熟悉确定力法超静定结构次数的方法; 2.了解力法的基本原理和力法典型方程的建立过程; 3.掌握用力法分析与计算超静定结构内力的方法,重点一次超静定结构,熟悉二次超静定结构; 4.掌握绘制超静定结构内力图的方法。

重点、难点及解决方法	重点:用力法分析计算超静定结构内力,绘制超静定结构内力图。 难点:超静定刚架的内力计算和绘制超静定结构内力图。 解决方法:采用案例教学,通过 PPT 教学课件和脚手架工程、模板工程视频引导学生对超静定结构的认识,为确定力法超静定结构次数,分析与计算超静定结构内力,绘制超静定内力图打下基础。 　采用启发式教学讲力法分析与计算超静定结构内力思路、原理、方法,通过应用案例、讨论、能力训练、答疑等方式,达到本单元教学目的和教学目标。

参考资料	相关力学教材,PPT 教学课件,工程视频等。

第一部分：组织教学

引 例

在前面几章所讲的内容中，涉及的结构大多是静定结构。但工程实际中，还存在着另一种类型的结构，即超静定结构，我们日常所见的高层建筑和框架结构的建筑物都属于这种结构，如图7.1所示。就几何组成而言，超静定结构和静定结构的重要区别在于是否有多余约束。静定结构的内力计算要比超静定结构的内力计算简单，但其安全性显然要差一些。梁在柱子处上部为什么要增加钢筋呢？梁配的箍筋在柱子处什么要密呢？因此，本单元从最基本的超静定结构形式出发，讨论常见的超静定结构的内力计算原理和计算方法，介绍超静定结构的内力计算和内力图的绘制方法。这些内容是建筑结构设计和计算的基本依据，是为进一步熟悉设计意图以更好地从事土木工程施工打下基础。力法是计算超静定结构的基本方法之一，是其他计算方法的基础，对本单元的主要内容，应认真学习、提高能力、熟练掌握超静定结构内力分析与计算本领。

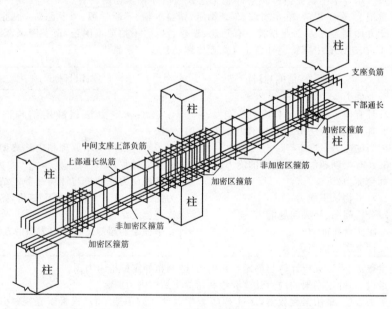

图 7.1 超静定梁配筋

第二部分：学习新内容

【步骤一】 告知教学目的、目标、重点与难点
告知内容见力法单元教学设计教案首页。

【步骤二】 讲解课程内容

§7.1.1 概 述

1.静定结构与超静定结构

静定结构:全部约束反力和内力只用平衡条件便可确定的结构。

超静定结构:仅用平衡条件不能确定全部反力和内力的结构。

教学案例:图 7.2 (a)梁的全部约束反力用平衡方程可确定是静定结构,图 7.2(b)多跨连续梁未知约束反力个数大于平衡方程数,约束反力不能全部确定是超静定结构。

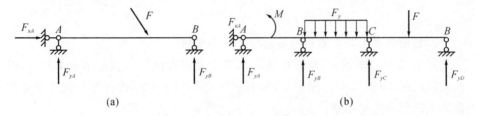

图 7.2 静定结构与超静定结构示例

2.超静定结构在几何组成上的特征

结构几何组成是几何不变且具有"多余"联系的结构(外部或内部)。

多余联系:这些联系仅就保持结构的几何不变性来说,是不必要的。

多余未知力:多余联系中产生的力称为多余未知力。

3.超静定结构的类型

超静定结构的类型主要有超静定刚架、超静定桁架、超静定组合结构等。

4.超静定结构的解法

求解超静定结构,必须综合考虑三个方面的条件:①平衡条件;②几何条件;③物理条件。

本概述采用案例教学,通过 PPT 教学课件和脚手架工程、模板工程视频引导学生对静定结构和超静定结构的认识。

§7.1.2 超静定次数的确定

用力法解超静定结构时,首先必须从结构的几何组成分析确定多余联系个数或利用结构未知力的数目减去平衡方程数目得到的多余未知力数目确定超静定结构次数。

1.结构几何组成分析确定超静定次数

图 7.3(a) 为多跨梁对其确定超静定次数。首先将支座下面支承部视为作刚片Ⅰ,按分析规则将梁 AB 视为刚片Ⅱ,刚片Ⅰ与刚片Ⅱ两者由连杆 1、2、3、4

连接,由两刚片几何不变没有多余约束规则,确定有一个多余联系。再将刚片Ⅰ、Ⅱ视为新刚片,将梁 BC 视为刚片Ⅲ,新刚片与刚片Ⅲ两者由 B 处一个铰和连杆5连接,满足两刚片规则,为几何不变,分析全过程如图7.3(b)所示。

结论:该组成为几何不变体系,且有一个多余约束是一次超静定结构。

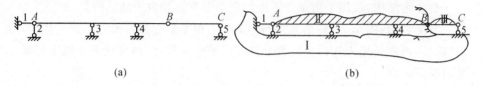

(a)　　　　　　　　　　　(b)

图7.3　多跨梁

2.利用多余未知力数目确定超静定结构次数

如图7.4(a)所示,未知力数目为3,平衡方程数目为3,没有多余未知力,因此为静定梁;如图7.4(b)所示,未知力数目为4,平衡方程数目为3,有1个多余未知力因此为超静定梁。

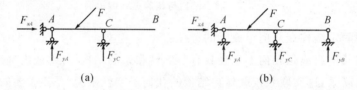

(a)　　　　　　　　　　　(b)

图7.4　静定梁与超静定梁

本内容选1~2个案例让学生确定超静定结构次数,案例可在教材中选作。

§7.1.3　力法基本概念

力法是计算超静定结构最基本的方法。力法的基本思路是把超静定结构的计算问题转化为静定结构的计算问题,即利用我们前面几章内容所熟悉的静定结构的计算方法来达到计算超静定结构的目的。

如图7.5(a)所示是一个超静定结构,在力法计算超静定结构中称为原结构,通过这个案例说明力法的思路和基本原理。讨论如何在计算静定结构的基础上,进一步寻求计算超静定结构的方法。

第一步判断超静定次数,如图7.5(a)所示为一次超静定结构。

第二步确定(选择)基本结构,将超静定结构去掉多余约束后用多余力代替此结构称为基本结构,如图7.5(b)所示。

第三步写出变形(位移)条件,去掉多余约束 B 支座处竖向位移为零,即

$$\Delta_1 = 0$$

根据叠加原理,将基本结构分解成多余力作用在基本结构上和荷载作用在

基本结构上两种情况的叠加,如图 7.5(c)和(d)所示。

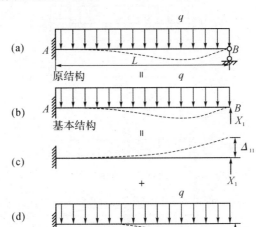

图 7.5　力法求解超静定结构示例

由位移条件式可写成 $\Delta_1 = \Delta_{11} + \Delta_{1P} = 0$

式中:Δ_1——基本体系在多余约束力 X_1 和荷载共同作用下沿 X_1 方向产生的总位移。

Δ_{11}——基本体系在多余约束力 X_1 单独作用下沿 X_1 方向产生的位移。

Δ_{1P}——基本体系在荷载单独作用下沿 X_1 方向产生的位移。

第四步建立力法基本方程,在线性变形体系中,Δ_{11} 与 X_1 成正比,可以写成:$\Delta_{11} = \delta_{11} X_1$,其中 δ_{11} 为基本体系在单位力 $X_1 = 1$ 单独作用时沿 X_1 方向上产生的位移。将其代入上式可得:

$$\delta_{11} X_1 + \Delta_{1P} = 0$$

此方程便为一次超静定结构的力法方程。

第五步计算系数和常数项,根据静定结构的位移分析与计算可知,梁是以弯曲变形为主的构件,在计算其位移时,可只考虑弯矩的影响,而不计剪力和轴力的影响,用图乘法计算系数 δ_{11} 和常数项 Δ_{11},单位力产生的弯矩如图 7.6(b)所示,荷载产生的弯矩如图 7.6(c)所示。

$$\delta_{11} = \sum \frac{\omega y_c}{EI} = \frac{1}{EI} \times \frac{L^2}{2} \times \frac{2L}{3} = \frac{L^3}{3EI}$$

$$\Delta_{11} = \sum \frac{\omega y_c}{EI} = \frac{1}{EI} \times \frac{1}{3} \times \frac{qL^2}{2} \times L \times \frac{3L}{4} = \frac{qL^4}{8EI}$$

第六步将 δ_{11}、Δ_{11} 代入力法方程,可求得:

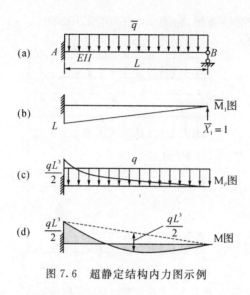

图 7.6　超静定结构内力图示例

$$X_1 = -\frac{\Delta_{1P}}{\delta_{11}} = \frac{3qL}{8}(\uparrow)$$

第七步作内力图，多余未知力 X_1 求出后，其余反力、内力的计算都是静定问题。可利用已绘出的 M_1 图和 M_P 图按叠加法绘 M 图，如图 7.6(d)所示。

§7.1.4　力法的典型方程

1. 两次超静定的力法方程

现结合图 7.7 讨论两次超静定刚架说明力法典型方程的建立过程。

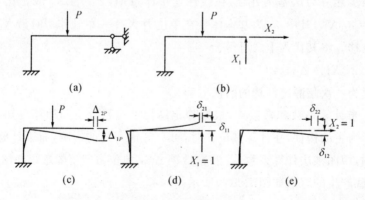

图 7.7　两次超静定结构

对图 7.7(a)所示超静定结构，撤去铰支座即为基本体系，在基本体系中，X_1 和 X_2 是基本未知量。为确定基本未知量 X_1 和 X_2，可利用变形协调条件，即基本体系在荷载和多余约束力 X_1 和 X_2 共同作用下在 X_1 和 X_2 作用的方向

上产生的线位移和原结构保持相同(原结构两个方向上的位移均等于零)。因此,变形条件可表达为:

$$\begin{cases} \Delta_1 = 0 \\ \Delta_2 = 0 \end{cases} \quad (7\text{-}1)$$

这里,Δ_1 是 X_1、X_2 和荷载共同作用下沿 X_1 方向产生的位移,Δ_2 是 X_1、X_2 和荷载共同作用下沿 X_2 方向产生的位移。利用叠加原理,将 Δ_1、Δ_2 展开表达为:

$$\begin{cases} \Delta_1 = \delta_{11} X_1 + \delta_{12} X_2 + \Delta_{1P} \\ \Delta_2 = \delta_{21} X_1 + \delta_{21} X_2 + \Delta_{2P} \end{cases} \quad (7\text{-}2)$$

将式(7-2)代入式(7-1)中可得到:

$$\begin{cases} \Delta_1 = \delta_{11} X_1 + \delta_{12} X_2 + \Delta_{1P} = 0 \\ \Delta_2 = \delta_{21} X_1 + \delta_{21} X_2 + \Delta_{2P} = 0 \end{cases} \quad (7\text{-}3)$$

式中:δ_{11}——基本体系在 $X_1 = 1$ 单独作用时沿 X_1 方向上产生的位移;

δ_{12}——基本体系在 $X_2 = 1$ 单独作用时沿 X_1 方向上产生的位移;

δ_{21}——基本体系在 $X_1 = 1$ 单独作用时沿 X_2 方向上产生的位移;

δ_{22}——基本体系在 $X_2 = 1$ 单独作用时沿 X_2 方向上产生的位移;

Δ_{1P}——基本体系在荷载单独作用时沿 X_1 方向上产生的位移;

Δ_{2P}——基本体系在荷载单独作用时沿 X_2 方向上产生的位移。

这就是两次超静定的力法方程。

由式(7-3)求出 X_1 和 X_2 后,即可利用静力平衡条件求出所有的支座反力和各截面的内力。

如计算任一截面的弯矩,可利用叠加法进行计算,其表达式为:

$$M = \overline{M}_1 X_1 + \overline{M}_2 X_2 + M_P$$

式中:$\overline{M}_1$——单位力 $X_1 = 1$ 单独作用于基本体系时任一截面产生的弯矩;

$\overline{M}_2$——单位力 $X_2 = 1$ 单独作用于基本体系时任一截面产生的弯矩;

M_P——荷载单独作用于基本体系时任一截面产生的弯矩。

对于三次超静定结构,也可用相同的方法得到相应的力法方程。

2. n 次超静定的力法方程

用力法计算超静定结构,虽然可以选取不同的基本结构,但基本结构应该是静定的,必须是几何不变的。

对于 n 次超静定结构,则有 n 个多余未知力,对每一个多余未知力都对应有一个多余约束,相应也就有一个已知的位移条件,据此可建立 n 个方程。

$$\delta_{11}X_1 + \delta_{12}X_2 + \delta_{13}X_3 + \cdots + \delta_{1n}X_n + \Delta_{1P} = \Delta_1$$
$$\delta_{21}X_1 + \delta_{22}X_2 + \delta_{23}X_3 + \cdots + \delta_{2n}X_n + \Delta_{2P} = \Delta_2$$
$$\cdots \tag{7-4}$$
$$\delta_{n1}X_1 + \delta_{n2}X_2 + \delta_{n3}X_3 + \cdots + \delta_{nn}X_n + \Delta_{nP} = \Delta_n$$

当原结构上与多余未知力相应的位移都等于零,即 $\Delta_i = 0(i = 1,2,3,\cdots,n)$
式(7-4)就变为下式:

$$\begin{cases} \delta_{11}X_1 + \delta_{12}X_2 + \cdots + \delta_{1n}X_n + \Delta_{1P} = 0 \\ \delta_{21}X_1 + \delta_{22}X_2 + \cdots + \delta_{2n}X_n + \Delta_{2P} = 0 \\ \cdots \\ \delta_{n1}X_1 + \delta_{n2}X_2 + \cdots + \delta_{nn}X_n + \Delta_{nP} = 0 \end{cases} \tag{7-5}$$

式(7-4)和式(7-5)是 n 次超静定结构的力法方程,通常称为力法基本方程,或力法典型方程。

利用叠加法,则任一截面的弯矩可按下式计算:

$$M = \overline{M}_1 X_1 + \overline{M}_2 X_2 + \cdots + \overline{M}_n X_n + M_P$$

在上述力法典型方程组中,自左上方的 δ_{11} 至右下方的 δ_{nn} 主对角线上的系数 δ_{ii} 称为主系数。它是单位多余未知力 $X_i = 1$ 单独作用时所引起的其自身的相应位移,总是与该单位多余未知力的方向一致,其值恒为正。主对角线两侧的其他系数 δ_{ij}($i \neq j$)称为副系数,它是单位多余未知力 $X_j = 1$ 单独作用时所引起的与 X_i 相应的位移,根据位移互等定理,有

$$\delta_{ij} = \delta_{ji}$$

这表明力法基本方程中位于主对角线两侧对称位置的两个副系数是相等的。各式中的最后一项 Δ_{iP} 称为自由项,它是荷载单独作用时所引起的与 X_i 相应的位移。副系数 δ_{ij} 和自由项 Δ_{iP} 的值可能为正、负或零。

§7.1.5 力法计算应用案例

应用案例 7-1 用力法计算图 7.8(a)所示结构,$EI=$ 常数。

(1)选取图 7.8(b)的基本体系为( )。

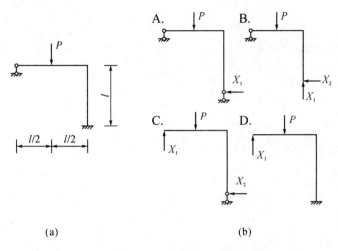

(a)   (b)

图 7.8 应用案例 7-1 图

(2)列力法方程为（   ）。

A. $\delta_{11}X_1 + \Delta_{1P} = 0$

B. $\gamma_{11}X_1 + \Delta R_{1P} = 0$

C. $\Delta_{1P}X_1 + \delta_{11} = 0$

D. $\delta_{11}X_2 + \Delta_{2P} = 0$

(3) 作 $\overline{M}_1$ 图为（   ）。

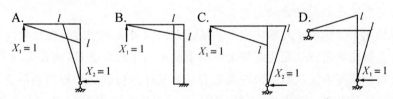

(4)作 M_P 图为（   ）。

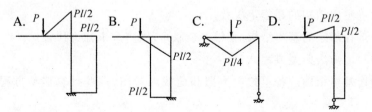

(5) 求系数（   ）。

A. $\dfrac{2l^3}{3EI}$ B. $\dfrac{2l^2}{3EI}$

C. $\dfrac{4l^3}{3EI}$ D. $\dfrac{4l^2}{3EI}$

（6）求自由项（　　）。

A. $\dfrac{19Pl^3}{48EI}$ B. $-\dfrac{19Pl^3}{48EI}$

C. $\dfrac{29Pl^3}{48EI}$ D. $-\dfrac{29Pl^3}{48EI}$

（7）解方程可得 $X_1 = ($　　$)$。

A. $\dfrac{19P}{32}$ B. $-\dfrac{19P}{32}$

C. $\dfrac{29P}{64}$ D. $-\dfrac{29P}{64}$

（8）由叠加原理作 M 图为（　　）。

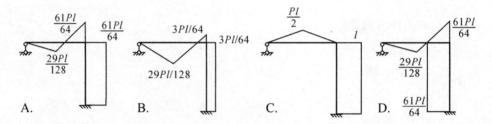

【步骤三】 总结

1. 超静定次数的确定及力法典型方程。

本单元主要学习了超静定次数的确定方法和力法典型方程的建立与应用。超静定次数的确定方法是将超静定结构中全部多余约束去掉，则去掉的多余约束的个数即是超静定次数。力法典型方程是根据结构的变形协调条件建立的，其基本未知量是多余约束力，求解时需先计算系数和自由项。

2. 利用力法求解超静定结构的一般步骤。

（1）确定原结构的超静定次数。

（2）选择静定的基本结构（去掉多余联系，以多余未知力代替）。

（3）写出力法典型方程。

（4）作基本结构的各单位内力图和荷载内力图，据此计算典型方程中的系数和自由项。

（5）解算典型方程，求出各多余未知力。

（6）作内力图。将求出的基本未知力作用于基本结构上，作出的内力图形即是最后的内力图。

3.超静定结构的特性(与静定结构相比较)。

(1)超静定结构的解答具有唯一性;

(2)超静定结构温度变化和支座移动、转动等因素作用下会产生内力;

(3)超静定结构的内力与结构的材料性质、杆件的截面形状和尺寸有关;

(4)超静定结构的内力分布比较均匀;

(5)超静定结构的某部分作用有一组平衡的荷载时,则整个结构将产生内力。

4.力法是分析计算超静定结构最基本的方法,其他方法均以其作为基础。

【步骤四】 作业

略

5.3.3 模块七 超静定结构分析与计算位移法

位移法单元教学设计教案首页,如表 7.2 所示。

表 7.2 位移法单元教学设计教案首页

本单元标题:模块七 超静定结构内力分析与计算位移法							
授课专业	建筑工程技术	授课班级	略	上课时间	略	上课地点	略
教学目的	通过本内容的学习,了解等截面直杆的形常数和载常数,熟悉位移法基本未知量确定的方法。了解位移法的基本原理和位移法典型方程的建立过程,掌握超静定梁和刚架内力分析与计算的方法。能正确用位移法计算超静定结构内力,并绘制超静定结构内力图。 培养学生职业精神。从行业文化方面倡导鲁班创新精神。干一行爱一行,注重细节、勤于思考、立足实践、刻苦钻研、精益求精、不断学习、勇于创新。从企业文化方面倡导铁人创业精神。有信念、理想、目标、不怕艰难困苦,奋发图强,艰苦奋斗,在建设有中国特色社会主义大业中建功立业。						
教学目标	能力(技能)目标			知识目标			
	专业能力: 1.具有确定位移法基本未知量的能力; 2.能正确建立位移法基本结构; 3.能用位移法分析与计算荷载作用下超静定结构内力的能力; 4.具有绘制超静定内力图的能力。 社会能力: 1.对事物认识能力; 2.分析问题、解决问题能力; 3.团队合作能力; 4.社会实践能力。			1.熟悉确定位移法基本未知量的方法; 2.了解位移法的基本原理和位移法典型方程的建立过程; 3.掌握用力法分析与计算超静定结构内力的方法,重点一次超静定结构,熟悉二次超静定结构; 4.掌握绘制超静定结构内力图的方法。			

续表

重点、难点及解决方法	重点:用位移法分析计算超静定结构内力,绘制超静定结构内力图。
	难点:荷载作用下超静定刚架的内力计算和绘制超静定结构内力图。
	解决方法:采用案例教学,通过 PPT 教学课件和脚手架工程、模板工程视频引导学生对超静定结构的认识,为确定位移法超静定结构次数,分析与计算超静定结构内力,绘制超静定内力图打下基础。采用启发式教学讲位移法分析与计算超静定结构内力思路、原理、方法,通过应用案例、讨论、能力训练、答疑等方式,达到本单元教学目的和教学目标。
参考资料	相关力学教材,PPT 教学课件,工程视频等。

第一部分:组织教学

如图 7.9 所示,钢筋混凝土结构梁柱节点配筋图,为什么配这么多钢筋呢? 各钢筋有什么作用呢? 本例属于超静定结构计算问题,而且是未知量个数较多的超静定结构,应用力法解非常繁琐,所以本单元学习一种新的解超静定结构的方法——位移法,重点研究了常见的平面超静定刚架的内力计算与内力图绘制。本单元内容是以后进一步学习求解未知量个数较多的超静定结构方法的基础,应认真学习提高能力、熟练掌握超静定结构分析与计算本领。

图 7.9 钢筋混凝土结构梁柱节点配筋图

第二部分：学习新内容

【步骤一】 告知教学目的、目标、重点与难点

告知内容见力法单元教学设计教案首页。

【步骤二】 讲解课程内容

§7.2.1 位移法的基本概念

超静定结构分析的基本方法有两种，即力法和位移法，前面介绍了用力法计算超静定结构。本内容介绍超静定结构的另一种计算方法——位移法，现以一简单例子具体说明位移法的基本原理和计算方法。

在图 7.10(a)一荷载作用下的超静定刚架中，若用力法求解，有两个多余未知力，故有两个基本未知量。若用位移法求解时，改以结点位移为基本未知量时，其未知量的数目减少为一个。该刚架在荷载作用下产生的变形如图 7.9(a)所示虚线，根据变形协调条件，汇交于刚结点 A 的两杆 AB 和 AC 在 A 端的转角相同，设以 φ_A 表示，这就是用位移法求解时唯一的一个基本未知量。

该刚架的受力及变形的实际情况就如同图 7.10(b)所示，即杆 AB 相当于两端固定梁在 A 支座发生转角位移 φ_A，若 φ_A 已知，用力法可求出 A 端和 B 端的杆端弯矩；杆 AC 相当于 A 端固定、B 端铰支的梁受均布荷载 q 的作用并在 A 支座发生转角位移 φ_A，若 φ_A 已知，同样用力法可求出 A 端和 C 端的杆端弯矩。因此，计算结点 A 的转角位移 φ_A 就成了求解该问题的关键，只要知道转角 φ_A 的大小，就可用力法计算出这两个单跨超静定梁的全部反力和内力。下面就研究如何计算转角 φ_A。

为了将图 7.10(a)转化为图 7.10(b)进行计算，我们假设在刚架结点 A 处加入一附加刚臂◥（见图 7.10(c)），附加刚臂的作用是约束 A 点的转动，而不能约束其移动。由于结点 A 无限位移，所以加入此附加刚臂后，A 点任何位移都不能产生了，即相当于固定端。于是原结构变成了由 AB 和 AC 两个单跨超静定梁组成的组合体。我们称该组合体为原结构按位移法计算的基本结构。若将外荷载作用于基本结构上，并使 A 点附加刚臂转过与实际变形相同的转角 $Z_1 = \varphi_A$，使基本结构的受力和变形情况与原结构取得一致（见图 7.10(c)）。由此可见，我们可用基本结构代替原结构进行计算。

为了便于计算，我们把基本结构上的外界因素分为两种情况：一种情况是仅有外荷载的作用（见图 7.10(d)）；另一种情况是使基本结构中附加刚臂在 A 点发生转角 Z_1（见图 7.10(e)）。分别单独计算以上各因素的作用，然后由叠加原理将计算结果叠加。在图 7.10(d)中，只有荷载 q 的作用，无转角 Z_1 影响。

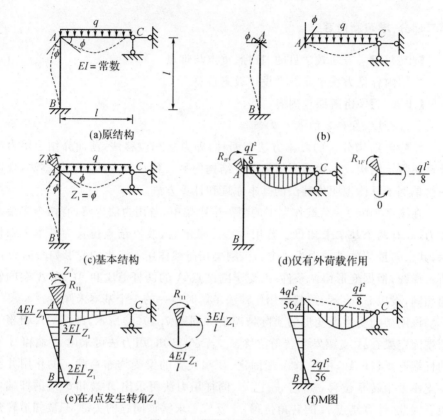

(a)原结构　　　　　　　　　　　　(b)

(c)基本结构　　　　　　　　(d)仅有外荷载作用

(e)在A点发生转角Z_1　　　　　　　(f)M图

图 7.10　位移法基本原理图

AB 杆上无外荷载故无内力,AC 杆相当于 A 端固定、C 端铰支,在梁上受均布荷载 q 的作用,其弯矩图可由力法得出,如图 7.10(d)所示,此时在附加刚臂上产生的约束力矩为 R_1F。在图 7.10(e)中,只有 Z_1 的影响。AB 杆相当于两端固定梁,在 A 端产生一转角 Z_1 的支座移动;同样 AC 杆相当于 A 端固定、B 端铰支的单跨梁,在 A 端产生一转角 Z_1 的支座移动。它们的弯矩图同样可由力法求出,如图 7.10(e)所示,此时在附加刚臂上产生的约束力矩为 R_{11}。在基本结构上由转角 Z_1 及荷载两种因素共同作用下引起的附加刚臂上总的约束力矩,由叠加原理可得:$R_{11}+R_1F$。由于基本结构的受力和变形与原结构相同,在原结构上原本没有附加刚臂,故基本结构附加刚臂上的约束力矩应为零,即

$$R_{11}+R_1F=0$$

如在图 7.10(e)中,令 r_{11} 表示当 $Z_1=1$ 时附加刚臂上的约束力矩,则 $R_{11}=r_{11}Z_1$,故上式改写为:

$$r_{11}Z_1+R_1F=0 \tag{7-6}$$

式(7-6)称为位移法方程。其中,r_{11} 称为系数;R_1F 称为自由项。它们的方向规定:与 Z_1 方向相同为正,反之为负。

为了由式(7-6)求解 Z_1,可由图 7.10(d)中取结点 B 为隔离体,由力矩平衡条件得出:

$$R_1F = -\frac{ql^2}{8}$$

由图 7.10(e)中取结点 B 为隔离体,并令 $Z_1=1$,由力矩平衡条件得:

$$r_{11} = \frac{7EI}{l}$$

代入式(7-6),得:

$$Z_1 = \frac{ql^3}{56EI}$$

求出 Z_1 后,将图 7.10(d)和(e)两种情况叠加,即得原结构弯矩图,如图 7.10(f)所示。

由以上分析归纳位移法计算的要点为:

以独立的结点位移(包括结点角位移和结点线位移)为基本未知量。

以一系列单跨超静定梁的组合体为基本结构。

由基本结构在附加约束处的受力与原结构一致的平衡条件建立位移法方程。先求出结点位移,进而计算出各杆件内力。

在位移法计算中,要用力法对每个单跨超静定梁进行受力变形分析,为了使用方便,对各种约束的单跨超静定梁由荷载及支座移动引起的杆端弯矩和杆端剪力数值均列于表 7.3 中,以备查用。单跨超静定梁杆端内力见表 7.3。

表 7.3　单跨超静定梁杆端内力

序号	梁的简图	杆端弯矩		杆端剪力	
		M_{AB}	M_{BA}	V_{AB}	V_{BA}
1		$4i$	$2i$	$-\dfrac{6i}{l}$	$-\dfrac{6i}{l}$
2		$-\dfrac{6i}{l}$	$-\dfrac{6i}{l}$	$\dfrac{12i}{l^2}$	$\dfrac{12i}{l^2}$

续表

序号	梁的简图	杆端弯矩		杆端剪力	
		M_{AB}	M_{BA}	V_{AB}	V_{BA}
3		$3i$	0	$-\dfrac{3i}{l}$	$-\dfrac{3i}{l}$
4		$-\dfrac{3i}{l}$	0	$\dfrac{3i}{l^2}$	$\dfrac{3i}{l^2}$
5		i	$-i$	0	0
7		$-\dfrac{Fab^2}{l^2}$	$\dfrac{Fab^2}{l^2}$	$\dfrac{Fb^2(l+2a)}{l^2}$	$-\dfrac{Fa^2(l+2b)}{l^2}$
8		$-\dfrac{ql^2}{12}$	$\dfrac{ql^2}{12}$	$\dfrac{ql}{2}$	$-\dfrac{ql}{2}$
9		$-\dfrac{Fab(l+b)}{2l^2}$	0	$\dfrac{Fb(3l^2-b^2)}{2l^3}$	$-\dfrac{Fa^2(2l+b)}{2l^3}$
10		$-\dfrac{ql^2}{8}$	0	$-\dfrac{5}{8}ql$	$-\dfrac{3}{8}ql$
11		$-\dfrac{Fa(l+b)}{2l}$	$-\dfrac{Fa^2}{2l}$	F	0

续表

序号	梁的简图	杆端弯矩		杆端剪力	
		M_{AB}	M_{BA}	V_{AB}	V_{BA}
12	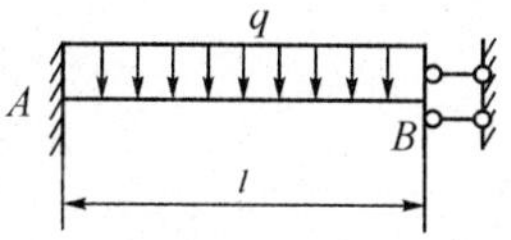 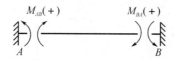	$-\dfrac{ql^2}{3}$	$-\dfrac{ql^2}{6}$	ql	0

在表 7.3 中,$i=EI/l$,称为杆件的线刚度。表 7.3 中杆端弯矩的正、负号规定为:对杆端而言弯矩以顺时针转向为正(对支座或结点而言,则以逆时针转向为正),反之为负,如图 7.11 所示。至于剪力的正、负号仍与以前规定相同。

图 7.11　杆端、结点弯矩正负规定

§7.2.2　位移法基本未知量与基本结构

从前面的分析可知,位移法求解超静定结构时,首先应确定基本未知量和基本结构,当求得基本未知量后,便可计算出结构上各杆的内力。如何确定位移法的基本未知量和基本结构,现分述如下。

1.位移法计算的基本未知量

用位移法解题时,通常取刚结点的角位移(铰结点的角位移可由杆件另一端的位移求出,故不作为基本未知量)和独立的结点线位移作为基本未知量。在结构中,一般情况下刚结点的角位移数目和刚结点的数目相同,但结构独立的结点线位移的数目则需要分析判断后才能确定。下面举例说明如何确定位移法的基本未知量。

图 7.12 所示刚架,有一个刚结点和一个铰结点,现在两个结点都发生了线位移,但在忽略杆件的轴向变形时,这两个线位移相等,即独立的结点线位移只有一个,因此用位移法求解时的基本未知量是一个角位移 θ_C 和一个线位移 Δ,共两个基本未知量。

图 7.13(a)所示刚架,有四个刚结点和两个铰结点,在忽略杆件轴向变形时,所有结点都只能发生水平线位移,并且独立的线位移只有 2 个,因此用位移法求解时的基本未知量是 4 个角位移和 2 个线位移,共 6 个。图 7.13(b)所示刚架有两个结点,但结点 1 为组合结点,它包含了两个刚性结合,故结点 1 有两

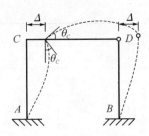

图 7.12　位移法基本未知量

个独立的角位移,各结点都没有线位移,所以整个结构基本未知量的数目为三。因此,可以认为位移法基本未知量总数目等于全部结点中的所有刚性结合的数目与独立的结点线位移的数目的总和。

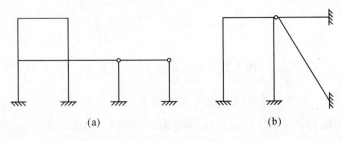

图 7.13　位移法基本未知量个数示例

当结构独立的结点线位移的数目由直观的方法难以判断时,可用"铰化结点、增加链杆"的方法判断。由于忽略杆件的轴向变形,即认为杆件两端之间的距离在变形前后保持不变,因此在结构中,由两个已知不动的结点(或支座)引出两根不在一直线上的杆件形成的结点,是不能发生移动的,这种情况与平面铰接三角形的几何组成相似。因此,为了确定结构独立的结点线位移,可先把所有的结点和支座都改为铰结点和铰支座,而得到一铰接体系,然后用增加链杆的方法使该体系成为几何不变且无多余约束的体系,所增加的最少链杆数目,就是结点独立线位移的数目。如图 7.14(a)所示刚架,刚结点有 1、3、5,还有组合结点 2,故有四个结点角位移;其独立的结点线位移数可用"铰化结点、增加链杆"的方法分析,对应的铰接体系如图 7.14(b)所示,在该体系中增加两根链杆 A_2 和 B_4(见图(b)中虚线),即变成几何不变体系,所以独立的结点线位移的数目为二,整个刚架基本未知量的数目为六。应当指出,上述用几何组成分析的方法确定独立结点线位移数目,是以受弯直杆的变形假设为前提的,因此对于仅受轴力作用且 EA 值为有限的二力杆所组成的结构,则二力杆的轴向变形不能忽略,如图 7.15 所示结构,当考虑二力杆 CD 的轴向变形时,点 C 和点

D 的水平位移一般不相等,所以结构的独立结点线位移数目为二。另外,受弯曲杆两端间的距离也不能假设为不变的。

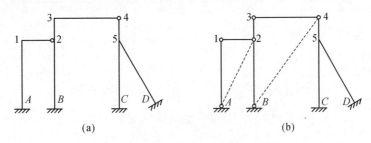

(a)　　　　　　　　　　　(b)

图 7.14　位移法基本未知量个数示例

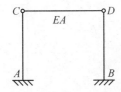

图 7.15　位移法基本未知量个数示例

2.位移法基本结构

由位移法计算要点可知,位移法计算是以一系列单跨超静定梁的组合体作为基本结构的。因此,在确定了基本未知量后,就要附加约束以限制所有结点的位移,把原结构转化为一系列相互独立的单跨超静定梁的组合体,即在产生转角位移处附加刚臂以约束其转动,在产生结点线位移处附加支承链杆以约束其线位移。图 7.16(a)所示刚架有两个刚结点 A 和 B,在忽略各杆件自身轴向变形的情况下,结点 A 和 B 都没有线位移,只有结点转角,所以只有在结点 A 和 B 处各附加一刚臂(见图 7.16(b)),以阻止 A 及 B 的转动,这样就使得原结构变成无结点线位移及角位移的一系列单跨梁的组合体。为了使组合体的受力及变形与原结构一致,我们还要把荷载作用其上,并分别令 A、B 两处的附加刚臂产生和原结构相等转角 Z_1、Z_2。这样得到的体系称为位移法计算的基本结构如图 7.16(b)所示。

图 7.17(a)所示刚架有两个结点:刚结点 A 和铰结点 B,分析时可知,在两根竖杆弯曲变形的影响下,结点 A 和 B 将发生一相同的水平线位移。我们在刚结点 A 处附加一刚臂,以阻止 A 点的转动,在结点 B 处附加一水平链杆,以阻止结点 A、B 的水平线位移,再把荷载作用其上,并分别令附加约束产生与原结构相同的位移 Z_1、Z_2,这样就得到基本结构如图 7.17(b)所示。

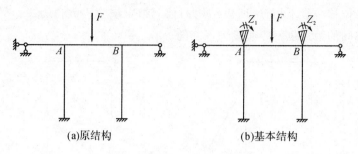

(a)原结构   (b)基本结构

图 7.16 位移法基本结构的取法示例

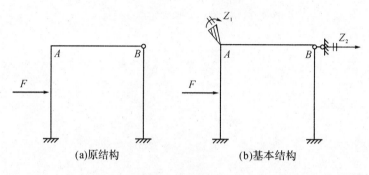

(a)原结构   (b)基本结构

图 7.17 位移法基本结构的取法示例

图 7.18(a)所示刚架有三个刚结点 A、B、D 和一个铰结点 C,在三根竖杆弯曲变形的影响下,四个结点将产生相同的水平线位移。此外还应注意,在水平杆件 BC 和 CD 的弯曲变形影响下,结点 C 将产生竖向线位移。因此要形成基本结构,需要在刚结点 A、B、D 处各附加一刚臂约束其转动,在结点 D 处附加一水平链杆,以约束各结点的水平线位移,还需在结点 C 处附加一竖向链杆,以约束该结点的竖向线位移。形成其基本结构如图 7.18(b)所示。

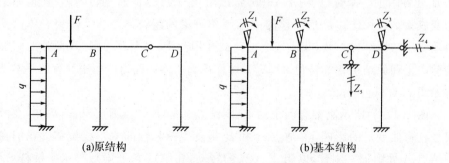

(a)原结构   (b)基本结构

图 7.18 位移法基本结构的取法示例

最后需要注意,力法的基本结构是从原结构中拆除多余约束而代之以多余力的静定结构;而位移法的基本结构是在原结构上增加约束形成一系列单跨超静定梁的组合体。虽然它们的形式不同,但都是原结构的代表,其受力和变形与原结构是一致的。

§7.2.3 位移法典型方程与计算步骤

1. 位移法典型方程

我们在 7.2.1 中以只有一个基本未知量的结构介绍了位移法的基本概念,下面进一步讨论如何用位移法求解有多个基本未知量的结构。图 7.19(a) 所示的刚架有三个基本未知量,即结点 1、2、3 处的三个角位移 Z_1、Z_2、Z_3,而无结点线位移。

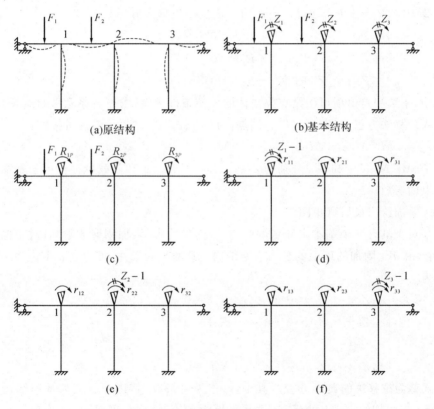

图 7.19 三个基本未知量的位移法方程的建立过程

首先在结点 1、2、3 处各附加一刚臂并把荷载作用其上,形成基本结构如图 7.19(b) 所示。

基本结构在荷载作用下,由于各结点处的刚臂约束了结点转动,此时在结点 1、2、3 处的附加刚臂上,因荷载作用产生的约束力矩分别为 R_1F、R_2F、R_3F (见图 7.19(c))。由于附加刚臂的作用,基本结构各杆的内力以及变形和原结构不一致,为了和原结构取得一致,可令结点 1、2、3 处的刚臂分别产生与原结构相同的转角 Z_1、Z_2、Z_3。

由叠加原理,先令基本结构的附加刚臂 1、2、3 分别产生单位转角,此时各刚臂上将分别产生不同的约束力矩(见图 7.19(d)、(e)和(f))。由于实际结构上 1、2、3 点处产生的不是单位转角,而分别产生 Z_1、Z_2 和 Z_3 转角,故应将图 7.19(d)、(e)和(f)中相应的约束力矩分别扩大 Z_1、Z_2、Z_3 倍,即分别乘以 Z_1、Z_2、Z_3。把以上各种因素分别引起的每个附加刚臂上的约束力矩叠加后应与原结构一致,即把图 7.19(c)、(d)、(e)和(f)中各附加刚臂上的约束力矩对应叠加应等于零,$R_1=0$,$R_2=0$,$R_3=0$。可列出三个位移法方程为:

$$\begin{cases} r_{11}Z_1 + r_{12}Z_2 + r_{13}Z_3 + R_1F = 0 \\ r_{21}Z_1 + r_{22}Z_2 + r_{23}Z_3 + R_2F = 0 \\ r_{31}Z_1 + r_{32}Z_2 + r_{33}Z_3 + R_3F = 0 \end{cases}$$

其中,系数和自由项可由结点隔离体的平衡条件求解,求得各系数及自由项后,代入位移法方程中,即可解出各结点位移 Z_1、Z_2、Z_3 之值。最后可按式:

$$M = \overline{M}_1 Z_1 + \overline{M}_2 Z_2 + \overline{M}_3 Z_3 + M_F$$

式中:$\overline{M}_1$、$\overline{M}_2$、$\overline{M}_3$ 和 M_F 分别为 $Z_1=1$、$Z_2=1$、$Z_3=1$ 和荷载单独作用于基本结构上的弯矩。

叠加绘出最后弯矩图。

对于具有 n 个基本未知量的结构,则附加约束(附加刚臂或附加链杆)也有 n 个,由 n 个附加约束上的受力与原结构一致的平衡条件,可建立 n 个位移法方程为

$$\begin{cases} r_{11}Z_1 + r_{12}Z_2 + \cdots + r_{1n}Z_n + R_1F = 0 \\ r_{21}Z_1 + r_{22}Z_2 + \cdots + r_{2n}Z_n + R_2F = 0 \\ \qquad\qquad\qquad \cdots \\ r_{n1}Z_1 + r_{n2}Z_2 + \cdots + r_{nn}Z_n + R_nF = 0 \end{cases}$$

上式称为位移法的典型方程。其中,r_{ii} 称为主系数,其物理意义为基本结构上 $Z_i=1$ 时附加约束 i 上的反力,主系数恒为正值;r_{ij} 称为副系数,其物理意义为基本结构上 $Z_j=1$ 时附加约束 i 上的反力,副系数可为正、为负、为零;并且由反力互等定理有 $Z_{ij}=Z_{ji}$;R_{iF} 称为自由项,其物理意义为荷载作用于基本结构上时附加约束 i 上的反力,可为正、为负、为零。

2.位移法计算步骤

根据以上所述,用位移法计算超静定结构的步骤可归纳如下:

(1)确定基本未知量,形成基本结构;

(2)建立位移法方程;

(3)绘出基本结构上的单位弯矩图 $\overline{M}$ 图与荷载弯矩图 M_F 图,利用平衡条件求系数和自由项;

(4)解方程求出基本未知量;

(5)由 $M = \sum \overline{M}_i Z_i + M_F$ 叠加绘出最后的弯矩图,进而作出剪力图和轴力图;

(6)校核。

§7.2.4　位移法计算举例

1.无结点线位移结构的计算

如果刚架的各结点只有角位移而没有线位移,这种刚架称为无侧移刚架。用位移法求解无侧移刚架最为方便。本节讨论无侧移刚架的计算,连续梁的计算也属于这类问题。

应用案例 7-2　试用位移法计算图 7.20(a)所示刚架,并绘出内力图。

解　(1)形成基本结构。此刚架只有一个刚结点 1,无结点线位移。因此,基本未知量为结点 1 处的转角 Z_1,基本结构如图 7.20(b)所示。

(2)建立位移法方程。由结点 1 的附加刚臂约束力矩总和为零的条件 $(\sum M_1 = 0)$,建立位移法方程:

$$r_{11} Z_1 + R_1 F = 0$$

(3) 求系数和自由项。令 $i = \dfrac{EI}{4}$,绘出 $Z_1 = 1$ 和荷载分别单独作用于基本结构上的弯矩图 M_1 图和 M_F 图,如图 7.20(c)和(d)所示。

分别在图 7.20(c)和(d)中利用结点 1 的力矩平衡条件 $\sum M_i = 0$,可计算出系数和自由项如下:

$$r_{11} = 11i \qquad R_1 F = -110(\text{kN} \cdot \text{m})$$

(4)解方程求基本未知量。将系数和自由项代入位移法方程,得:

$$11 i Z_1 - 110 = 0$$

解方程得:

$$Z_1 = \frac{10}{i}$$

(5)绘制内力图。由 $M = \overline{M}_1 Z_1 + M_F$ 叠加绘出最后的 M 图,如图 7.20(e)

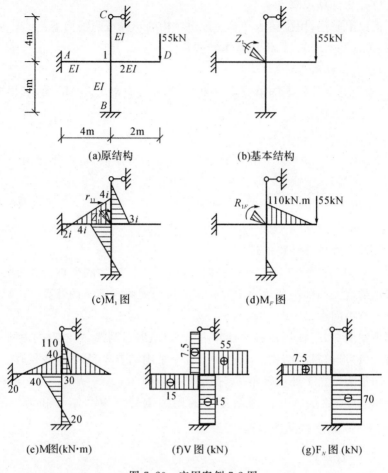

图 7.20　应用案例 7-2 图

所示。利用杆件和结点的平衡条件可绘出 V 图、F_N 图，分别如图 7.20(f)和(g)所示。

（6）校核。在位移法计算中，只需作平衡条件校核。在图 7.20(e)中取结点 1 为隔离体，验算其是否满足平衡条件 $\sum M_1 = 0$。

$$\sum M_1 = 110 - 40 - 40 - 30 = 0$$

可知计算无误。

应用案例 7-3　试用位移法计算图 7.21(a)所示刚架。

解　（1）形成基本结构。分析可知基本未知量为刚结点 B 和 C 处的转角 Z_1 和 Z_2，基本结构如图 7.21(b)所示。

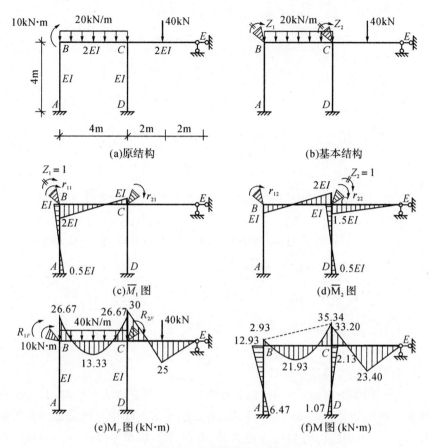

图 7.21　应用案例 7-3 图

（2）列出位移法方程。根据基本结构每个结点处附加刚臂的约束力矩总和为零的条件，建立位移法方程，即：

$$r_{11}Z_1 + r_{12}Z_2 + R_1F = 0$$
$$r_{21}Z_1 + r_{22}Z_2 + R_2F = 0$$

（3）求系数和自由项。$i_{BC} = i_{CE} = \dfrac{2EI}{4}$，$i_{BA} = i_{CD} = \dfrac{EI}{4}$，分别作出 $Z_1 = 1$、$Z_2 = 1$ 和荷载单独作用在基本结构上的弯矩图 $\overline{M}_1$ 图、$\overline{M}_2$ 图和 M_F 图，如图 7.21(c)、(d)和(e)所示。

由于这些系数和自由项都是附加刚臂上的反力矩，故在图 7.21(c)、(d)和(e)中分别利用结点 B、C 的力矩平衡条件 $\sum M = 0$，可计算出各系数和自由项如下：

$$r_{11} = 3EI \quad r_{12} = r_{21} = EI \quad r_{22} = 4.5EI$$

$$R_1F = -36.67\text{kN} \cdot \text{m} \quad R_2F = -3.33\text{kN} \cdot \text{m}$$

（4）解方程求基本未知量。将系数和自由项代入位移法方程，得

$$3EIZ_1 + EIZ_2 - 36.67 = 0$$

$$EIZ_1 + 4.5EIZ_2 - 3.33 = 0$$

解方程得

$$Z_1 = \frac{12.93}{EI}$$

$$Z_2 = -\frac{2.13}{EI}$$

（5）绘出弯矩图。由 $M = \overline{M}_1 Z_1 + \overline{M}_2 Z_2 + M_F$ 叠加绘出最后 M 图，如图 7.21(f)所示。

（6）校核。在图 7.21(f)中分别取结点 B 和结点 C 为隔离体，验算其是否满足平衡条件 $\sum M_B = 0$ 和 $\sum M_C = 0$，有

$$\sum M_B = 12.93 - 2.93 - 10 = 0$$

$$\sum M_C = 35.34 - 2.13 - 33.20 = 0$$

可知计算无误。

2.有结点线位移结构的计算

当刚架的结点有线位移时，称为有侧移刚架，用位移法求解时，其计算方法与无侧移刚架的计算基本一样，所不同的是阻止结点线位移的附加约束为附加链杆，附加约束中的内力为约束反力，同时在建立基本方程时要增加与结点线位移对应的平衡方程。下面举例说明解题的方法步骤。

应用案例 7-4 试用位移法计算图 7.22(a)所示刚架，各杆 $EI = $ 常数。

解 （1）形成基本结构。此刚架有一个刚结点 1 和一个铰结点 2，结点 1、2 有相同的水平线位移。因此，基本未知量为结点 1 处的转角 Z_1 和结点 1、2 共同的水平位移 Z_2，基本结构如图 7.22(b)所示。

（2）列出位移法方程。

$$r_{11}Z_1 + r_{12}Z_2 + R_1F = 0$$

$$r_{21}Z_1 + r_{22}Z_2 + R_2F = 0$$

其中，第二个方程式是根据原结构结点 2 上本没有水平约束力这一条件建立的平衡方程。

（3）求系数和自由项。令 $i = \dfrac{EI}{4}$，各杆线刚度均为 i，先作出 $\overline{M}_1$、$\overline{M}_2$ 和 M_F 图，分别如图 7.22(c)、(d)和(e)所示。其中 $\overline{M}_2$ 图为基本结构的结点 2 产生水

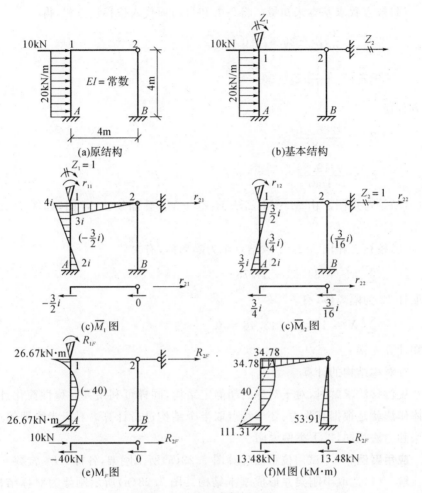

图 7.22 应用案例 7-4 图

平单位线位移时所引起的弯矩图。并把求系数和自由项时需用到的柱顶剪力标在立柱旁边的括号内。

在计算 r_{11}、r_{12} 和 R_1F 时,可由结点 1 的力矩平衡方程 $\sum M = 0$ 求得;在计算 r_{21}、r_{22} 和 R_2F 时,分别在图 7.22(c)、(d)和(e)中取杆件 12 为隔离体,由投影平衡方程 $\sum X = 0$ 进行计算。

各系数及自由项为:

$$r_{11} = 7i \quad r_{12} = -\frac{3}{2}i = r_{21} \quad r_{22} = i$$

$$R_1F = 26.67(\text{kN} \cdot \text{m}) \quad R_2F = -50(\text{kN} \cdot \text{m})$$

(4)解方程求基本未知量。将系数和自由项代入位移法方程,得

$$7iZ_1 - \frac{3}{2}iZ_2 + 26.67 = 0$$

$$-\frac{3}{2}iZ_1 + \frac{15}{16}iZ_2 - 50 = 0$$

解方程得

$$Z_1 = \frac{4266.40}{368i}$$

$$Z_2 = \frac{9919.84}{138i}$$

(5)绘弯矩图。由 $M = \overline{M}_1Z_1 + \overline{M}_2Z_2 + M_F$ 叠加绘出 M 图,如图 7.22(f)所示。

(6)校核。在图 7.22 中取结点 1 为隔离体,有

$$\sum M_1 = 34.78 - 34.78 = 0$$

再取杆 12 为隔离体,有

$$\sum X = 13.48 - 13.48 = 0$$

可知计算无误。

3.对称结构的计算

用位移法求解时,对于对称的超静定结构,同样可利用其对称性简化计算。具体作法就是根据其受力、变形特点取半个结构进行计算。对于半刚架的选取方法和力法相同,以下举例说明

应用案例 7-5　试用位移法计算图 7.23(a)所示刚架,各杆 EI=常数。

解　(1)选取半刚架并形成基本结构。图 7.23(a)所示刚架为对称结构作用对称荷载的情况,根据其受力、变形特点可取如图 7.23(b)所示半刚架进行计算,即先用位移法绘出图 7.23(b)所示半个刚架的弯矩图,然后再利用结构的对称性得出原结构的 M 图。

分析可知用位移法求解图 7.23(b)所示刚架时,基本未知量只有一个,基本结构如图 7.23(c)所示。

(2)列出位移法方程。

$$r_{11}Z_1 + R_1F = 0$$

(3)求系数自由项。令 $i = \dfrac{EI}{l}$,分别作出 $Z_1=1$ 和荷载单独作用在基本结构上的弯矩图 $\overline{M}_1$ 图和 M_F 图,如图 7.23(d)和(e)所示。

分别在图 7.23(d)和(e)中利用结点 E 的力矩平衡条件,可计算出系数和自

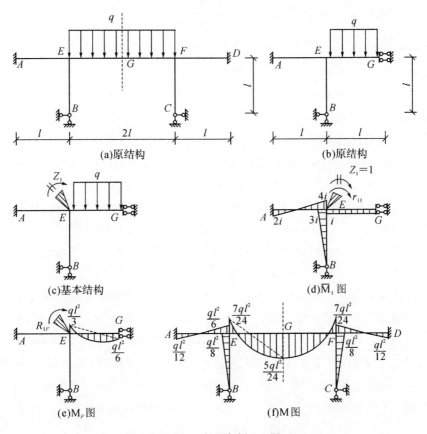

图 7.23 应用案例 7-5 图

由项如下：

$$r_{11}=8i, R_1F=-\frac{ql^2}{3}$$

(4)解方程求未知量。将系数和自由项代入位移法方程,得

$$8iZ_1-\frac{ql^2}{3}=0$$

解得

$$Z_1=\frac{ql^2}{24i}$$

(5)绘弯矩图。由 $M=\overline{M}_1Z_1+M_F$ 叠加可绘出左半刚架的弯矩图,由结构的对称性可绘出原结构的 M 图,如图 7.23(f)所示。

(6)校核。在图 7.23(f)中取结点 E 为隔离体,验算其是否满足平衡条件 $\sum M_E=0$。

$$\sum M_E = \frac{ql^2}{6} + \frac{ql^2}{8} - \frac{7ql^2}{24} = 0$$

可知计算无误。

【步骤三】 总结

位移法是计算超静定结构的另一种基本方法,适用于超静定次数较高的连续梁和刚架。又是常用的渐进法(力矩分配法、力矩迭代法)和适用于计算机计算的矩阵位移法的基础。应认真搞清位移法的基本物理概念。

位移法的基本结构是单跨超静定梁的组合体,基本未知量是刚结点的角位移与结构中独立的结点线位移。这时应清楚理解等截面直杆形常数和载常数的物理意义,还要注意关于位移和杆端力的正负号规定,特别是杆端弯矩新的正负号规定。用位移法解题的基本思路是:在原结构上附加约束得到基本结构;使基本结构的附加约束发生与原结构相同的位移,则基本结构在约束位移与荷载共同作用下的内力与变形应与原结构相同。

位移法基本方程的实质是平衡条件。对每一个刚结点(附加刚臂)可以建立一个结点力矩平衡方程,对每一个独立的结点线位移(附加支座链杆)可以建立一个截面平衡方程。平衡方程的数目和基本未知量的数目正好相等。

对称结构的计算主要是取半结构进行计算。其关键是要了解半结构的取法,即了解在对称荷载或反对称荷载作用下结构有哪些独立的结点位移。通过选用适当的方法(力法或位移法)计算半结构,再利用对称性作出结构最终的 M 图。

力法和位移法是计算超静定结构的两种基本方法,为了对这两种方法加深理解,下面把力法和位移法作如下比较:

(1)基本未知量。从基本未知量看,力法取的是力——多余约束力,位移法取的是位移——独立的结点位移。

(2)基本结构。从基本结构上看,力法是去掉约束,位移法是增加约束。力法的基本结构是去掉多余约束而代之以多余未知力形成的静定结构;位移法的基本结构是在结点上增设附加约束以阻止结点的转动和移动,使原结构变为若干个单跨超静定梁的组合体而形成基本结构。

(3)建立方程的原则。从基本方程看,力法是写位移协调方程,位移法是写力系平衡方程。力法方程是按照基本结构在多余力及其他外界因素作用下,多余力方向上的位移,与原结构相应约束处的位移一致的变形协调条件建立的;位移法方程是按照基本结构由各种因素引起的附加约束上的反力,与原结构的受力一致的静力平衡条件建立的。

(4)解题步骤。力法和位移法的解题步骤在形式上是一一对应的,基本相同。

(5)力法和位移法的适用范围。力法和位移法是计算超静定结构的两种基本方法,都可适用于任何超静定结构,但从方便计算的角度来说,力法适合计算超静定次数较少而结点位移数较多的结构,位移法则适合计算超静定次数较多而结点位移数较少的结构;力法只适用于分析超静定结构,而位移法则适用于分析静定和超静定结构。

【步骤四】 作业
略

5.3.4 模块七 超静定结构分析与计算的力矩分配法

力矩分配法单元教学设计教案首页,如表 7.4 所示。

表 7.4 力知分配法单元教学设计首页

本单元标题:模块七 超静定结构内力分析与计算力矩分配法							
授课专业	建筑工程技术	授课班级	略	上课时间	略	上课地点	略
教学目的	通过本内容的学习,了解转动刚度、分配系数、传递系数三个基本概念;掌握分配系数、固端弯矩计算的方法,了解力矩分配法基本原理,掌握超静定梁内力分析与计算的方法。能正确用力矩分配法计算连续梁和无侧移刚架内力,并绘制超静定结构内力图。 培养学生职业精神。从行业文化方面倡导鲁班创新精神。干一行爱一行,注重细节、勤于思考、立足实践、刻苦钻研、精益求精、不断学习、勇于创新。从企业文化方面倡导铁人创业精神。有信念、理想、目标、不怕艰难困苦,奋发图强,艰苦奋斗,在建设有中国特色社会主义大业中建功立业。						
教学目标	**能力(技能)目标**			**知识目标**			
	专业能力: 1.具有计算分配系数和固端弯矩的能力; 2.能用力矩分配法计算连续梁和无侧移刚架的内力的能力; 3.具有绘制超静定内力图的能力。 社会能力: 1.对事物认识能力; 2.分析问题解决问题能力; 3.团队合作能力; 4.社会实践能力。			1.了解转动刚度、分配系数、传递系数三个基本概念; 2.掌握分配系数、固端弯矩计算的方法; 3.掌握用力矩分配法计算超静定结构内力的方法,重点掌握两个基本未知量超静定结构,熟悉三个基本未知量超静定结构; 4.掌握绘制超静定结构内力图的方法。			

续表

重点、 难点 及 解决 方法	重点:用力矩分配法分析计算超静定结构内力,绘制超静定结构内力图。
	难点:超静定刚架的内力计算,绘制超静定结构内力图。
	解决方法:采用案例教学,通过PPT教学课件和脚手架工程,模板工程视频引导学生对超静定结构的认识,为确定力法超静定结构次数,分析与计算超静定结构内力,绘制超静定内力图打下基础。 　　采用启发式教学讲力法分析与计算超静定结构内力思路、理论、方法,通过应用案例、讨论、能力训练、答疑等方式,达到本单元教学目的和教学目标。
参考 资料	相关力学教材,PPT教学课件,工程视频等。

第一部分:组织教学

复习位移法计算超静定梁。

引例

如图7.24所示,正在吊装作业的钢结构桁架,桁架采用四点起吊,吊装时吊点位置设置在哪四点最安全呢?

图7.24　钢结构桁架吊装作业

本例属于超静定结构计算问题,用力矩分配法解决较为方便。力矩分配法是建立在位移法基础上的一种渐近解法,它不用解方程计算结点位移,而是通过对固端弯矩的分配直接计算最后的杆端弯矩。适用于连续梁和无结点线位移刚架的内力计算。本章知识对土木工程承载力计算起着重要的基础性作用，对本章的主要内容，应认真学习提高能力，熟练掌握超静定结构分析与计算本领。

第二部分:学习新内容

【步骤一】 告知教学目的、目标、重点难点
告知内容见力矩分配法单元教学设计教案首页。

【步骤二】 讲解课程内容

力矩分配法的理论基础是位移法，属于位移法的渐近方法。适用范围:连续梁和无结点线位移的刚架。针对本方法，下面介绍有关力矩分配法的几个相关概念。

§7.3.1 基本概念

1.转动刚度

转动刚度表示杆端对转动的抵抗能力。杆端的转动刚度以 S 表示，它在数值上等于使杆端产生单位转角时需要施加的力矩。图 7.25 给出了等截面杆件在 A 端的转动刚度 S_{AB} 的数值。关于 S_{AB} 应当注意以下几点:

(1) 在 S_{AB} 中 A 点是施力端，B 点称为远端。

(2) S_{AB} 是指施力端 A 在没有线位移的条件下的转动刚度。

在图 7.25 中，A 端画成铰支座。目的是强调 A 端只能转动，不能移动。

由图 7.25 得:各种情况下杆件的转动刚度分别为:

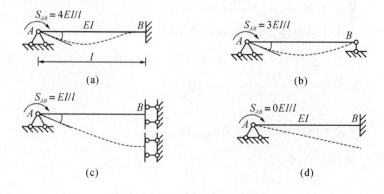

图 7.25 各种结构的转动刚度

远端固定:$S=4i$

远端简支:$S=3i$

远端滑动:$S=i$

远端自由:$S=0$

i:是线刚度,其值 $i=\dfrac{EI}{L}$

2.分配系数

图 7.26 所示三杆 AB、AD、AC 在刚结点 A 连接在一起。远端 B、C、D 端分别为固定端、滑动支座、铰支座。

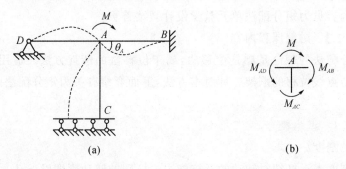

(a)   (b)

图 7.26   刚结点作用外力偶

假设有外荷载 M 作用在 A 端,使结点 A 产生转角 θ_A,然后达到平衡。试求杆端弯矩 M_{AB}、M_{AC}、M_{AD}。

由转动刚度的定义可知:

$$M_{AB} = S_{AB}\theta_A = 4i_{AB}\theta_A$$
$$M_{AC} = S_{AC}\theta_A = i_{AC}\theta_A$$
$$M_{AD} = S_{AD}\theta_A = 3i_{AD}\theta_A$$

取结点 A 作隔离体,由平衡方程 $\sum M = 0$ 得:

$$M = S_{AB}\theta_A + S_{AC}\theta_A + S_{AD}\theta_A$$
$$\theta_A = \frac{M}{S_{AB} + S_{AC} + S_{AD}} = \frac{M}{\sum\limits_A S}$$

式中:$\sum\limits_A S$ 表示各杆 A 端转动刚度之和。

将 θ_A 值代入上式,得

$$M_{AB} = \frac{S_{AB}}{\sum\limits_{A} S} M$$

$$M_{AC} = \frac{S_{AC}}{\sum\limits_{A} S} M \tag{7-7}$$

$$M_{AD} = \frac{S_{AD}}{\sum\limits_{A} S} M$$

式(7-7)中列出的各杆端弯矩式可统一写成

$$M_{1k} = \frac{S_{1k}}{\sum\limits_{(1)} S_{1k}} M = \mu_{1k} M \tag{7-8}$$

$$\mu_{1k} = \frac{S_{1k}}{\sum\limits_{(1)} S_{1k}} \tag{7-9}$$

式中：$\sum\limits_{(1)} S_{1k}$ 表示汇交于结点 1 所有杆件在 1 端的转动刚度之和。μ_{1k} 称为力矩分配系数(其中 k 可以是 2、3 或 4 等),是将结点 1 作用的外力偶荷载 M 分配到汇交于该结点的各杆 1 端弯矩的比例。分配系数 μ_{1k} 数值上等于 $1k$ 杆的转动刚度与汇交于 1 点的各杆在 1 端的转动刚度之和的比值。显然,汇交于同一结点各杆的力矩分配系数之和应等于 1,即

$$\sum \mu = \mu_{AB} + \mu_{AC} + \mu_{AD} = 1$$

3. 传递系数

在图 7.26 中,力偶荷载 M 作用于结点 A,使各杆近端产生弯矩,同时也使各杆远端产生弯矩。由位移法的刚度方程可得杆端弯矩的具体数值如下：

$$M_{AB} = 4i_{AB}\theta_A, \ M_{BA} = 2i_{AB}\theta_A$$

$$M_{AC} = i_{AC}\theta_A, \ M_{CA} = -i_{AC}\theta_A$$

$$M_{AD} = 3i_{AD}\theta_A, \ M_{DA} = 0$$

由上式可看出,远端弯矩和近端弯矩的比值称为传递系数用 C_{AB} 表示。传递系数表示当近端有转角时,远端弯矩与近端弯矩的比值。对等截面杆件来说,传递系数 C 随远端的支承情况而定。具体为：

远端固定:$C = 0.5$

远端简支:$C = 0$

远端滑动:$C = -1$

一旦已知传递系数和近端弯矩,远端弯矩自然可求出：

$$M_{BA} = C_{AB} M_{AB}$$

就图 7.26 所示的问题的计算方法归纳如下:结点 A 作用的力偶荷载 M,按各杆的分配系数给各杆的近端,远端弯矩等于近端弯矩乘以传递系数 μ。

4.分配弯矩、传递弯矩

由式(7-8)可知,作用于结点 1 的力偶 M 按汇交于该结点的各杆分配系数的比例分配给各杆的近端,由此求得各杆的近端弯矩称为分配弯矩。为了在以后的分析中与杆端的最后弯矩有所区别,我们在分配弯矩的右上角加入附标 μ,即分配弯矩以 M 表示。这样,我们就可不必求出转角 Z_1 而直接由式(7-8)求得汇交于结点 1 的各杆端的分配弯矩。例如:

$$M_{12}^{\mu} = \mu_{12}M$$

$$M_{13}^{\mu} = \mu_{13}M$$

$$M_{14}^{\mu} = \mu_{14}M$$

分配弯矩求得后,则另一端(称为远端)的弯矩可用该分配弯矩乘上相应的传递系数而得,由此得各杆的远端弯矩称为传递弯矩(在传递弯矩的右上角则加入附标 C)。例如:

$$M_{21}^{C} = M_{12}^{\mu}C_{12} = 0$$

$$M_{31}^{C} = M_{13}^{\mu}C_{13} = \frac{1}{2}M_{13}^{\mu}$$

$$M_{41}^{C} = M_{14}^{\mu}C_{14} = -M_{14}^{\mu}$$

则传递弯矩的一般计算公式为

$$M_{ki}^{C} = C_{ik}M_{ik}^{\mu} \tag{7-10}$$

综上所述,可将基本运算中杆端弯矩的计算方法归纳为:当集中力偶 M 作用在结点 1 时,按分配系数分配给各杆的近端即为分配弯矩;分配弯矩乘以传递系数即为远端的传递弯矩。

§7.3.2 单结点力矩分配法的计算

掌握了上述基本运算,再利用叠加原理,即可用力矩分配法计算荷载作用下具有一个结点角位移的结构。其计算步骤如下:

(1)固定结点。先在本来是发生角位移的刚结点 i 处假设加入附加刚臂,使其不能转动,由式(7-10)计算汇交于 i 点各杆的力矩分配系数 μ_{ik},再由等截面直杆的形常数和载常数表(略)算出汇交于 i 点各杆端的固端弯矩 M_{ik}^{F},利用该结点的力矩平衡条件求出附加刚臂给予结点的约束力矩 M_i^{F},约束力矩规定以顺时针转向为正。

(2)放松结点。结点 i 处实际上并没有附加刚臂,也不存在约束力矩,为了能恢复到原结构的实际状态,消除约束力矩 M_i^{F} 的作用,我们在结点 i 处施加一个与它反向的外力偶。结构在力偶 M_i 作用下,应用前述的基本运算即可求出分配弯矩 $M_{ik}^{i\!k}$ 和传递弯矩 M_{ki}^C 。

(3)计算最后弯矩。结构的实际受力状态,为以上两种情况的叠加。将第一步中各杆端的固端弯矩分别和(2)中的各杆端的分配弯矩或传递弯矩叠加,即得汇交于 i 点之各杆的近端或远端的最后弯矩。

现举例说明如下。

应用案例 7-6 试求图 7.27(a)所示等截面连续梁的各杆端弯矩,并绘出弯矩图。

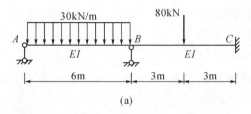

(a)

分配系数		0.43	0.57	
固端弯矩	0	135	−60	+60
分配弯矩和传递弯矩	0	−32.25	−42.75 →	−21.38
最后弯矩	0	+102.75	−102.75	+38.62

(b)

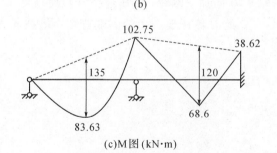

(c)M图(kN·m)

图 7.27 应用案例 7-6 图

解 (1)计算各杆端分配系数。

为简便起见,可采用相对线刚度。为此,设 $EI=6$,于是 $i_{BA}=i_{BC}=1$ 。由式(7-10)可算得

$$\mu_{BA} = \frac{3 \times 1}{3 \times 1 + 4 \times 1} = \frac{3}{7} = 0.43$$

$$\mu_{BC} = \frac{41}{33 \times 1 + 4 \times 1} = \frac{4}{7} = 0.57$$

（2）由等截面直杆的形常数和载常数表计算各杆端的固端弯矩：

$$M_{AB}^F = 0$$

$$M_{BA}^F = \frac{ql^2}{8} = \frac{1}{8} \times 30 \times 6^2 = 135(\text{kN} \cdot \text{m})$$

$$M_{BC}^F = -\frac{Fl}{8} = \frac{80 \times 6}{8} = -60(\text{kN} \cdot \text{m})$$

$$M_{CB}^F = 60(\text{kN} \cdot \text{m})$$

结点 B 的约束力矩：

$$M_B^F = M_{BA}^F + M_{BC}^F = 135 - 60 = 75(\text{kN} \cdot \text{m})$$

（3）计算杆端弯矩。

对于连续梁，计算过程常取如图 7.27(b)所示表格，直接在表格中进行计算。

（4）作弯矩图。

根据已知荷载和求出的各杆端最后弯矩，即可绘制最后弯矩图如图 7.27(c)所示。

应用案例 7-7 试求图 7.28(a)所示刚架的各杆端弯矩，并绘出弯矩图。各杆的相对线刚度如图 7.28(a)所示。

解 （1）先在结点 A 附加一刚臂（见图 7.28(b)）使结点 A 不能转动，此步骤简称为"固定结点"。此时各杆端产生的固端弯矩由等截面直杆的形常数和载常数表求得，即

$$M_{AB}^F = \frac{Fa^2b}{l^2} = \frac{120 \times 2^2 \times 3}{5^2} = 57.6(\text{kN} \cdot \text{m})$$

$$M_{BA}^F = \frac{Fab^2}{l^2} = -\frac{120 \times 2 \times 3^2}{5^2} = -86.4(\text{kN} \cdot \text{m})$$

$$M_{AD}^F = -\frac{ql^2}{8} = -\frac{20 \times 4^2}{8} = -40(\text{kN} \cdot \text{m})$$

$$M_{DA}^F = 0$$

$$M_{AC}^F = M_{CA}^F = 0$$

由结点 A 的平衡条件 $\sum M_A = 0$，求得附加刚臂上的约束力矩为：

$$M^F = M_{AB}^F + M_{AC}^F + M_{AD}^F = 57.6 + 0 - 40 = 17.6(\text{kN} \cdot \text{m})$$

（2）为了消除附加刚臂的约束力矩 M^F，应在结点 A 处加入一个与它大小相等方向相反的力矩——M_A^F（见图 7.28(c)），在约束力矩被消除的过程中，结点

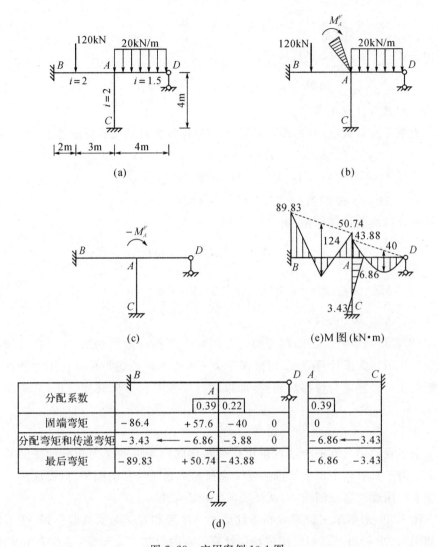

图 7.28 应用案例 10-1 图

A 即逐渐转动到无附加约束时的自然位置,故此步骤常简称为"放松结点"。将图 7.28(b)和(c)相叠加就恢复到图 7.27(a)的状态。对于图 7.27(c),我们可用上述力矩分配法的基本运算求出各杆端弯矩。

为此,先按式(7-7)算出汇交于 A 点的各杆端分配系数:

$$\mu_{AB} = \frac{4 \times 2}{4 \times 2 + 4 \times 2 + 3 \times 1.5} = 0.39$$

$$\mu_{AC} = \frac{4 \times 2}{4 \times 2 + 4 \times 2 + 3 \times 1.5} = 0.39$$

$$\mu_{AD} = \frac{3 \times 1.5}{4 \times 2 + 4 \times 2 + 3 \times 1.5} = 0.22$$

利用公式 $\sum \mu_{Ak} = 1$ 进行校核:

$$\sum \mu_{Ak} = \mu_{AB} + \mu_{AC} + \mu_{AD} = 0.39 + 0.39 + 0.22 = 1$$

可知分配系数计算正确。

力矩分配系数求出后,即可根据式(7-6)计算各杆近端的分配弯矩:

$$M_{AB}^\mu = 0.39 \times (-17.6) = -6.86(\text{kN} \cdot \text{m})$$

$$M_{AC}^\mu = 0.39 \times (-17.6) = -6.86(\text{kN} \cdot \text{m})$$

$$M_{AD}^\mu = 0.22 \times (-17.6) = -3.88(\text{kN} \cdot \text{m})$$

计算各杆远端的传递弯矩,由式(7-8)得

$$M_{BA}^C = \frac{1}{2} \times (-6.86) = -3.43(\text{kN} \cdot \text{m})$$

$$M_{CA}^C = \frac{1}{2} \times (-6.86) = -3.43(\text{kN} \cdot \text{m})$$

$$M_{DA}^C = 0(\text{kN} \cdot \text{m})$$

(3)最后将各杆端的固端弯矩与分配弯矩或传递弯矩相加,即得各杆端的最后弯矩值。为了计算方便,可按图 7.27(d)所示格式进行计算。图中各杆端弯矩的正负号规定与位移法相同,即以对杆端顺时针方向转动为正,弯矩图如图 7.28(e)所示。

§7.3.3 多结点力矩分配法

上节我们用只有一个结点角位移未知量的结构说明了力矩分配法的基本概念。对于具有两个以上结点的连续梁和无结点线位移的刚架,只要应用上述概念和采用逐次渐近的作法,就可求出各杆端弯矩。

图 7.29(a)所示三跨等截面连续梁在 AB 跨和 CD 跨受荷载作用,变形曲线如图 7.29(a)所示虚线。用位移法计算时有两个基本未知量(结点 B 和 C 的角位移),可建立两个位移法方程,联立求解就可得出这两个角位移,从而求得各杆内力。采用力矩分配法计算时不用建立和求解联立方程。下面结合图 7.29(a)所示连续梁说明一般做法。

(1)用附加刚臂将结点 B 和 C 固定,然后施加荷载如图 7.29(b)所示,这时连续梁变成三根单跨超静定梁,其变形如图 7.29(b)所示虚线。利用等截面直杆的形常数和载常数表求得各杆的固端弯矩 M_{AB}^F、M_{BA}^F 及 M_{CD}^F 后,由结点 B、C 处的力矩平衡条件可分别求得这两点附加刚臂上的约束力矩 M_B^F 和 M_C^F。

(2)为了消除附加刚臂的影响,即消去上述两个附加刚臂的约束力矩,必须

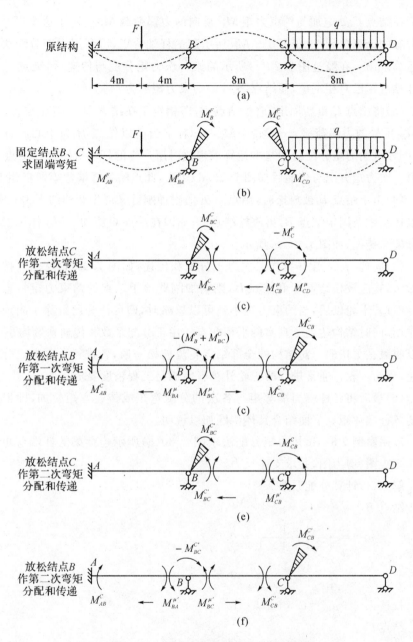

图 7.29 多结点力矩分配法分析过程

放松结点 B 和 C。在此采用逐个结点依次放松的办法,使各结点逐步转动到实际应有的位置。

首先,设想先放松一个结点,设为结点 C(注意此时结点 B 仍被固定),即相

当于在结点 C 处施加与约束力矩 M_C^F 反向的力偶荷载 M_C^F。对于这个以结点 C 为中心的计算单元,由于力矩 $-M_C^F$ 所引起的杆端弯矩,可利用力矩分配法的基本运算求出。在经过图 7.29(c)所示的第一次力矩分配与传递后,结点 C 处的各杆端弯矩已自相平衡,而结点 B 处的约束力矩成为 $M_B^F + M_{BC}^C$。

(3)将结点 C 重新固定,放松结点 B,即相当于在结点 B 上施加与力矩 $M_B^F + M_{BC}^C$ 反号的力偶荷载:$-(M_B^F + M_{BC}^C)$。对于当前以结点 B 为中心的计算单元,同样可用力矩分配法的基本运算求得这时所产生的杆端弯矩。在结点 B 通过第一次力矩分配与传递后如图 7.29(d)所示,此点的各杆端弯矩即自相平衡。

(4)由于结点 B 被放松时,结点 C 处的附加刚臂又产生新的约束力矩 M_{CB}^C,所以还须重新固定结点 B,再放松结点 C;亦即在结点 C 施加 $-M_{CB}^C$ 作第二次力矩分配与传递,如图 7.29(e)所示。

(5)同理,在结点 B 再作二次力矩分配和传递,如图 7.29(f)所示。按照以上做法,轮流放松结点 C 和结点 B,则附加刚臂给予结点的约束力矩将愈来愈小,经过若干轮以后,当约束力矩小到可以忽略时,即可认为已解除了附加刚臂的作用,同时结构达到了真实的平衡状态。由于分配系数和传递系数均小于 1,所以收敛是很快的。对结构的全部结点轮流放松一遍,各进行一次力矩分配与传递,称为一轮。通常进行两三轮计算就能满足工程精度要求。

(6)最后将各杆端固端弯矩与各次的分配弯矩或传递弯矩叠加,即得原结构的各杆端弯矩。下面结合具体例题加以说明。

应用案例 7-8 试用力矩分配法求图 7.30(a)所示连续梁的杆端弯矩。然后作弯矩图、剪力图,并求支座反力。

解 (1)计算分配系数。

结点 B:

$$\mu_{BA} = \frac{4 \times 1}{4 \times 1 + 4 \times 1} = 0.5$$

$$\mu_{BC} = \frac{4 \times 1}{4 \times 1 + 4 \times 1} = 0.5$$

校核:$\mu_{BA} + \mu_{BC} = 0.5 + 0.5 = 1$

结点 C:

$$\mu_{CB} = \frac{4 \times 1}{4 \times 1 + 3 \times 1} = \frac{4}{7} = 0.571$$

$$\mu_{CD} = \frac{3 \times 1}{4 \times 1 + 3 \times 1} = \frac{3}{7} = 0.429$$

校核:$\mu_{CB} + \mu_{CD} = 0.571 + 0.429 = 1$

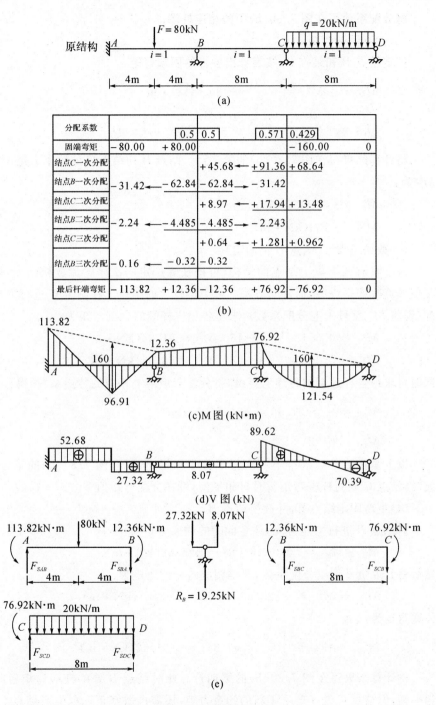

图 7.30 应用案例 7-8 图

将分配系数写在图 7.30(b)中的相应杆端。

(2)计算固端弯矩。

固定结点 B 和结点 C,按表算出各杆的固端弯矩:

$$M_{AB}^F = -M_{BA}^F = -\frac{Fl}{8} = -80.0(\text{kN} \cdot \text{m})$$

$$M_{CD}^F = -\frac{ql^2}{8} = -\frac{20 \times 8^2}{8} = -160.0(\text{kN} \cdot \text{m})$$

将计算结果写在图 7.30(b)的第二行。结点 B 和结点 C 的约束力矩 M_B^F 和 M_C^F 为:

$$M_B^F = +80 \ (\text{kN} \cdot \text{m})$$

$$M_C^F = -160 (\text{kN} \cdot \text{m})$$

(3)放松结点 C(结点 B 仍固定)

对于具有两个以上结点的结构,可按任意选定的次序轮流放松结点,但为了使计算收敛得快些,通常先放松约束力矩较大的结点。在结点 C 进行力矩分配(即将 M_C^F 反号乘上分配系数),求得各相应杆端的分配弯矩为:

$$M_{CB}^\mu = 0.571 \times [-(-160.0)] = 91.36(\text{kN} \cdot \text{m})$$

$$M_{CD}^\mu = 0.429 \times [-(-160.0)] = 68.64(\text{kN} \cdot \text{m})$$

同时可求得各杆远端的传递弯矩(即将分配弯矩乘上相应的传递系数)得:

$$M_{BC}^C = \frac{1}{2} \times 91.36 = 45.48(\text{kN} \cdot \text{m})$$

$$M_{DC}^C = 0$$

以上是在结点 C 进行第一次弯矩分配和传递,写在图 7.30(b)的第三行。此时,结点 C 处的杆端弯矩暂时自相平衡,可在分配弯矩值下方画一横线。

(4)重新固定结点 C,并放松结点 B

对结点 B 进行力矩分配,注意此时的约束力矩为:

$$M_B^F + M_{BC}^C = 80.0 + 45.68 = 125.68(\text{kN} \cdot \text{m})$$

然后将其取负号乘以分配系数,即得相应的分配弯矩为:

$$M_{BA}^\mu = M_{BC}^\mu = -125.68 \times 0.5 = -62.84(\text{kN} \cdot \text{m})$$

传递弯矩为:

$$M_{AB}^C = M_{CB}^C = \frac{1}{2} \times (-62.84) = -31.42(\text{kN} \cdot \text{m})$$

将计算结果写在图 7.30(b)的第四行。此时结点 B 处的杆端弯矩暂时自相平衡,但结点 C 处又产生了新的约束力矩,还需再做修正。以上对结点 C、结点 B 各进行了一次力矩分配与传递,完成了力矩分配法的第一轮计算。

(5)进行第二轮计算

按照上述步骤,在结点 C 和结点 B 轮流进行第二次力矩分配与传递,计算结果写在图 7.30(b)的第五、六行。

(6)进行第三轮计算

同理,对结点 C 和结点 B 进行第三次力矩分配和传递,计算结果写在图 7.30(b)的第七、八行。

由上述可知,经过三轮计算后,结点的约束力矩已经很小,结构已接近实际的平衡状态,计算工作可以停止。

(7)将各杆端的固端弯矩与每次的分配弯矩或传递弯矩相加,即得最后的杆端弯矩写在图 7.30(b)的第九行。

(8)求得各杆端弯矩后,应用区段叠加法可绘出 M 图,如图 7.30(c)所示,同时算得跨中弯矩如下。

AB 跨的跨中弯矩:

$$M_{AB}^{\text{中}} = \frac{1}{4} \times 80 \times 8 - \frac{113.82 + 12.36}{2} = 96.91 (\text{kN} \cdot \text{m})$$

CD 跨的跨中弯矩:

$$M_{CD}^{\text{中}} = \frac{1}{8} \times 20 \times 8^2 - \frac{1}{2} \times 76.92 = 121.54 (\text{kN} \cdot \text{m})$$

(9)取各杆为隔离体(见图 7.30(e)),用平衡条件计算各杆端剪力。由杆端剪力即可作剪力图如图 7.30(d)所示。

(10)支座 B 的反力可由结点 B 的平衡条件(见图 7.30(e))求出:

$$R_B = 27.32 - 8.07 = 19.25 (\text{kN}) \quad (\uparrow)$$

以上多结点情况下力矩分配法的计算,虽然是以一连续梁为例来说明的,但同样适用于无结点线位移刚架。再用力矩分配法计算一般连续梁和无结点线位移刚架的步骤归纳如下:

①计算汇交于各结点的各杆端的分配系数 μ_{ik},并确定传递系数 C_{ik}。

②根据荷载计算各杆端的固端弯矩 M_{ik}^F 及各结点的约束力矩 M_i^F。

③逐次循环放松各结点,并对每个结点按分配系数将约束力矩反号分配给汇交于该结点的各杆端,算得分配弯矩,然后将各杆端的分配弯矩乘以传递系数传递至另一端,算得传递弯矩。按此步骤循环计算直至各结点上的传递弯矩小到可以略去为止。

④将各杆端的固端弯矩与历次的分配弯矩、传递弯矩相加,即得各杆端的最后弯矩。

⑤绘制弯矩图,进而可绘制剪力图和轴力图。

应用案例 7-9 试用力矩分配法计算图 7.31(a)所示连续梁各杆端弯矩,并绘制 M 图。

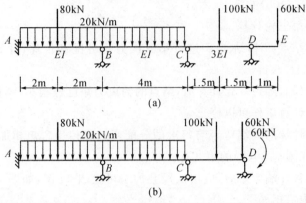

(a)

(b)

分配系数	A	B		C		D
		0.5	0.5	0.25	0.75	
固端弯矩	− 66.67	+ 66.67	− 26.67	+ 26.67	− 26.25	+ 60
结点B一次分配、传递	− 10.00	− 20.00	− 20.00 ⟶	− 10.00		
结点C一次分配、传递		+ 1.20 ⟵	+ 2.40	+ 7.18		
结点B二次分配、传递	− 0.30 ⟵	− 0.60	− 0.60 ⟶	− 0.30		
结点C二次分配、传递				+ 0.08	+ 0.22	
最后杆端弯矩	− 76.97	+ 46.07	− 46.07	+ 18.85	− 18.85	+ 60

(c)

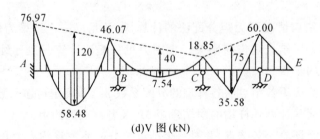

(d)V 图 (kN)

图 7.31 应用案例 10-4 图

解 连续梁的悬臂 DE 段的内力是静定的,由平衡条件可求得:$M_{DE} = -60\text{kN·m}, F_{SDE} = 60\text{kN}$。去掉悬臂段,将 M_{DE} 和 F_{SDE} 转化为外力作用于结点 D 处,则结点 D 成为铰支端,而连续梁的 AD 部分就可按图 7.31(b)进行计算。

(1)计算分配系数

取相对值计算,设 $EI = 4$,则

结点 B : $\mu_{BA} = \dfrac{4 \times 1}{4 \times 1 + 4 \times 1} = 0.5$

$\mu_{BC} = \dfrac{4 \times 1}{4 \times 1 + 4 \times 1} = 0.5$

结点 C : $\mu_{CB} = \dfrac{4 \times 1}{4 \times 1 + 3 \times 4} = 0.25$

$\mu_{CD} = \dfrac{3 \times 4}{4 \times 1 + 3 \times 4} = 0.75$

（2）计算固端弯矩

将结点 B 和结点 C 固定,由表求出各杆的固端弯矩:

$$M_{AB}^F = -\frac{20 \times 4^2}{12} - \frac{80 \times 4}{8} = -66.67(\text{kN} \cdot \text{m})$$

$$M_{BA}^F = 66.67(\text{kN} \cdot \text{m})$$

$$M_{BC}^F = -\frac{20 \times 4^2}{12} = -26.67(\text{kN} \cdot \text{m})$$

$$M_{CB}^F = 26.67(\text{kN} \cdot \text{m})$$

$$M_{CD}^F = -\frac{3 \times 100 \times 3}{16} + \frac{60}{2} = -26.25(\text{kN} \cdot \text{m})$$

$$M_{DC}^F = 60(\text{kN} \cdot \text{m})$$

（3）按先 B 后 C 的顺序,依次在结点处进行两轮力矩分配与传递,并求得各杆端的最后弯矩。计算过程如图 7.31(c)所示。

（4）由杆端弯矩绘 M 图。如图 7.31(d)所示。

【步骤三】 总结

力矩分配法是在位移法理论基础上派生出的一种解决超静定结构内力的方法,对于一个结点线位移的结构是精确计算结果,对于两个以上结点线位移的结构,其结果的精确度由力矩分配法的计算轮次决定。力矩分配法省去了建立方程和求解方程的工作,在掌握转动刚度、分配系数、传递系数、固端弯矩的基础上,通过列表可直接计算杆端弯矩,故计算简便,但它只能计算无结点线位移的结构(包括连续梁和无侧移刚架)。

【步骤四】 作业

略

参考文献

[1]刘明威.建筑力学.北京:中国建筑工业出版社,1991.

[2]干光瑜,秦惠民.建筑力学.北京:高等教育出版社,1999.

[3]马景善.工程力学与水工结构教材体系的建立及教学内容改革.中国科技信息,2005.

[4]马景善.浅谈叠加法在建筑力学与结构中的应用.中国科技信息,2005.

[5]马景善.工程力学与水工结构.北京:中国建筑工业出版社,2005.

[6]教育部.关于全面提高高等职业教育教学质量的若干意见.教高〔2006〕16号.

[7]沈养中,孟胜国.结构力学.北京:科学出版社,2006.

[8]马景善,康丽娟.发展高职教育走工学结合之路教学做的探索.中国科教创新,2007.

[9]于英.建筑力学(第2版).北京:中国建筑工业出版社,2007.

[10]马景善.土木工程实用力学.北京:北京大学出版社,2010.

[11]马景善,康丽娟.土木工程实用力学课程内容改革与创新.中国校外教育,2011.

[12]马景善,康丽娟.浅论土木工程实用力学教材内容体系的构建.高等职业教育,2012.

[13]吴承霞.建筑力学与结构.北京:北京大学出版社,2013.